TRAITÉ
DU
CHARBON
OU
ANTHRAX
Dans les Animaux.

Par M. CHABERT, Directeur & Inspecteur général des Écoles royales-vétérinaires de France, Correspondant de la Société royale de Médecine, &c.

A PARIS,
DE L'IMPRIMERIE ROYALE.

M. DCCLXXXVI.

TRAITÉ

DU

CHARBON *ou* ANTHRAX

Dans les Animaux.

LE Charbon ou *Anthrax*, est une maladie souvent cruelle, qui attaque tous les animaux domestiques, soit quadrupèdes, soit volatiles ; ils y sont beaucoup plus exposés que l'homme.

I.

JAMAIS maladie ne reçut de dénominations plus variées ; c'est peu qu'elles diffèrent d'une province à une autre, elles varient même dans chaque paroiſſe. Nous rapporterons les noms qui nous ſont connus, & nous eſpérons faciliter par cette nomenclature, le travail de nos Élèves, qu'on vient ſouvent conſulter, ſans leur donner d'autres renſeignemens qu'un nom barbare, & nous rendre plus intelligibles aux Cultivateurs ; c'eſt ainſi que nous tâcherons de ramener ces derniers à un langage commun ; toutes les maladies ayant alors leur véritable dénomination, il ſera plus facile de s'entendre, de connoître les maux & de les combattre. Puiſſe bientôt ſe perfectionner ce nouvel idiôme & déchirer une partie du voile qui nous dérobe des reſſources importantes pour les progrès de l'Art ! En effet, la connoiſſance parfaite d'une maladie, eſt une des premières voies de guériſon ; on peut même dire que la maladie eſt à moitié guérie, du moins qu'il eſt poſſible de donner des inſtructions ſûres, lorſqu'elle eſt bien connue ; & ſans doute, ſa dénomination préciſe contribue à la faire connoître. Que peut en effet preſcrire l'Artiſte le plus éclairé,

5

lorsqu'il est confulté fur une maladie
exprimée par quarante à cinquante noms
différens, s'il ne les connoît d'avance ?
la maladie pouvant varier par fon fiége,
fes degrés, l'efpèce d'animal qu'elle
affecte, &c. il la confondra néceffairement, ou ordonnera au hafard, ou fera
enfin obligé d'attendre de nouveaux
renfeignemens ; cet embarras, cette
perplexité toujours renaiffans, avoient
déterminé M. Bourgelat, notre Inftitu-
teur, à faire des recherches à cet égard;
fes Cahiers font entre les mains de Mme
fa Veuve, nous efpérons qu'elle en fera
un jour part au Public ; nous offrons en
attendant, la nomenclature que nous
nous fommes procurée, qui, quoique
imparfaite, peut cependant être fort utile.

I I.

L ɛ s noms donnés au charbon ou
aux maladies charbonneufes, relativement à leur fiége; font, fur la langue,
bouffle ou *bouffole*, le *louet*, l'*empoule*,
le *mal de langue*, *chancre volant*, *charbon
à la langue*, *gloffanthrax*, *veffie à la*

langue, perce-langue, la *platane*, *mayée*, le *toro*, le *poids* ou *peze*, (il affecte particulièrement le palais).

Sur la tête, le *cœur pâmé* (a), l'*araignée*, la *pireche*, *parataque*, *ratte* ou *misse*, la *renette* ou *ramette*.

Au poitrail, *avant-cœur*, *anticœur*, *encœur*, *nai pé* ou la *nappe*, *avant-couroux*.

Sur l'épine, on le nomme *quartier*.

Sur les reins, *pourriture sèche*, *parotides*, *poix*.

A la cuisse, *araignée*, *noir-cuisse* ou *mal-noir*, *rouge-cuisse*, *trousse-galant*.

Au pied, *piétin*, *picâme*.

Le nom du charbon qui n'a point de siége déterminé, est *araignée* ou les *araignées*, *ferlin*, l'*oumalsang*, l'*oumalcaq*, l'*enfluro* ou l'*enflure*, la *gamarduro*, la *gamardure*, le *morphondement*, le *laron*, le *louvet* ou *louveau*, *pougeole*, *peste-rouge*, *peste-blanche*, *peste-rouge et blanche*, la *puce-maligne*, *violet*.

***

(a) Cette dénomination signifie le clou dans le Hainault. (*Voyez* cette maladie).

Le Charbon intérieur ou la fièvre charbonneufe, a reçu également diverfes dénominations, il eft appelé *dérigny*, la *grippe*, les *boyaux violens*, le *boyau violet*, la *groffe ratte*, la *groffe amère*, *pefte*, le *rougeau*, le *venin foufflé*, *charbon-blanc*.

I I I.

Le charbon ou anthrax eft une tumeur qui, dans le cheval, l'âne, le mulet & le chien, eft flegmoneufe, accompagnée de chaleur, de douleur, & notamment de tenfion, & qui dans le bœuf, le mouton, la chèvre & le cochon, eft rarement inflammatoire & douloureufe ; toutes les parties intérieures & extérieures y font expofées.

I V.

Cette tumeur paroît tout-à-coup, ou fe forme & s'accroît peu-à-peu, mais dans ce dernier cas fes progrès font à leur dernier période au bout de douze à dix-huit heures au plus tard.

V.

Elle eft prefque toujours unique

dans le cheval. l'âne, le mulet & le chien : elle est quelquefois multipliée dans les bêtes à cornes , mais alors chaque tumeur est moins volumineuse.

V I.

La chaleur dans le principe de cette tumeur n'est pas toujours en proportion de la douleur, mais dés qu'elle a acquis un certain volume, l'inflammation est très-marquée, quelquefois l'un & l'autre de ces symptômes marchent de front, & ils sont en raison du degré de célérité avec lequel la tuméfaction s'accroît.

V I I.

Dans les uns & dans les autres de ces cas, dès que le charbon est parvenu à son point d'accroissement qui n'excède guère celui de la forme d'un chapeau dans les grands animaux, la chaleur & la douleur s'évanouissent & le sphacèle se manifeste aussitôt par des phlictènes, l'insensibilité & le froid de la partie.

V I I I.

D'autres fois il s'étend en largeur

entre cuir & chair , c'est une sérosité roussâtre qui se répand dans le tissu cellulaire , qui dénature dans l'instant les parties qu'elle baigne & qu'elle arrose ; la peau est détachée , soufflée , & dès qu'on la comprime , elle rend le bruit d'un parchemin sec qui seroit froissé entre les doigts ; ce bruit est ce qu'on appelle *crépitation* : il est toujours un signe de sphacéle ; cette espèce de charbon attaque ordinairement les sujets pituiteux & d'une tissure flasque. Les tempéramens irritables , bilieux & sanguins , sont plus particulièrement en proie aux charbons élevés & saillans ; & on a observé de plus que l'éruption de ces sortes de charbons étoit d'autant plus prompte & plus forte , que le sujet étoit plus vif & plus irritable.

I X.

CETTE tumeur est *essentielle* ou *symptomatique* ; dans le premier cas , elle se montre sur une partie quelconque du corps de l'animal sans autres signes maladifs que ceux qui résultent de son existence.

Dans le second cas , elle eſt ſubſéquente ; elle ne paroît qu'à la ſuite d'un mouvement fébrile. Nous croyons devoir prévenir que notre intention n'eſt pas d'identifier ici ce mouvement fébrile avec ceux qui proviennent des fièvres putride , maligne , ardente & peſtilentielle , dont les effets ſont quelquefois ſuivis de l'éruption de tumeurs charbonneuſes. Nous n'enviſageons dans ce Traité que le charbon en lui-même , le traitement des effloreſcences dans les fièvres dont il s'agit , étant abſolument ſubordonné à celui qu'elles exigent elles-mêmes.

X.

Charbon eſſentiel.

LE charbon eſſentiel s'annonce le plus ſouvent par une petite tumeur dure, rénitente, de la groſſeur d'une féve, très-adhérente dans le fond ; elle a quelquefois dans le centre une ouverture imperceptible qui répond à un filament que l'on regarde comme le

bourbillon ; si on comprime cette tumeur dans le cheval, le mulet, &c.
ces animaux témoignent la plus grande
sensibilité. Ce charbon offre rarement
ces particularités dans les bêtes à cornes.
Les tumeurs se montrent toujours en
elles dès les premiers instans, sous un
volume plus considérable, elles sont
moins douloureuses & rarement per-
forées.

X I.

Symptômes.

LES symptômes maladifs dans l'animal ne se manifestent qu'à mesure que
le charbon fait des progrès ; dès qu'il
est au tiers ou à la moitié de son accroissement, tous les symptômes d'inflammation, d'irritation & d'anxiété paroissent,
& ils sont au bout d'une heure ou de
deux au plus haut degré d'intensité ;
les yeux sont ardens, très-enflammés &
hagards, le pouls est soulevé, très-
accéléré, il fait sentir quatre-vingt-dix à
cent pulsations par minute, c'est-à-dire
que sa vîtesse est trois ou quatre fois

plus confidérable que dans l'état naturel. Ces symptômes ne fubfiftent pas long-temps ; dès que la mortification s'eft emparée du charbon, toutes les forces font anéanties, le pouls eft effacé, lent & intermittent ; cette intermittence na-turelle dans le pouls du chien, eft dans cette circonftance très-confidérable, il y a des intervalles de dix à douze pul-fations ; les yeux font abattus, un relâ-chement & un affaiffement général fe font remarquer dans toute la machine ; cet état eft d'autant plus court, & l'a-nimal fuccombe d'autant plus vîte, qu'il eft plus fort, plus maffif & plus gras. Les forces fe raniment pour un inftant, elles font le préfage d'une mort pro-chaine, il furvient des convulfions ; l'animal fe livre à des mouvemens plus ou moins effrénés, qui finiffent bientôt avec la vie.

Tous ces symptômes fe fuccèdent dans l'efpace de vingt-quatre à trente-fix heures.

Ouverture des cadavres.

L'OUVERTURE des cadavres fait voir une coagulation générale du fang contenu dans les gros vaiffeaux, dans les artériels fûr-tout. Quelquefois celui des veines eft diffous & en quelque forte putréfié, l'un & l'autre font toujours de couleur de charbon. Les vifcères les plus voifins du fiége du mal, font noirs & fphacelés; & fi l'on ouvre la partie tuméfiée, on voit les chairs & les vaiffeaux noirs, macérés & gangrénés; les os même qui l'avoifinent font teints de noir, & cette teinte s'obferve encore dans la moëlle & le fuc moëlleux.

X I I.

Charbon effentiel, particulier dans les bétes à cornes.

IL eft un autre charbon de ce genre, plus prompt, plus mobile & plus malin: les bœufs & les vaches y font plus expofés que les chevaux, les mulets & les ânes. Les autres animaux peuvent en

être atteints, mais nous n'avons pas eu
occasion de le voir : il se montre au
poitrail, à la pointe des épaules, au
fanon & sur les côtes ; il paroît d'abord
du volume d'une noix, ses progrès en
grosseur sont tels, qu'en une demi-
heure il a acquis celle d'une tête humaine ; il se propage ensuite avec une
promptitude extrême, à la faveur du
tissu cellulaire, sous le ventre, l'épine,
l'encolure & la gorge : l'animal est dans
l'instant d'une roideur insurmontable ;
les coups les plus violens ne peuvent
le déterminer à changer de place : les
artères sont tendues, pleines, dures &
sans action ; le sang semble marcher
dans les canaux artériels par la seule &
unique force du cœur, dont les mouvemens sont fort sensibles entre les
intercostaux, au défaut du coude, soit
au toucher, soit à la vue ; ils le sont
même à l'ouïe : les coups de cet organe contre les côtes étant très-forts,
il en résulte un bruit sourd qui se fait
entendre d'assez loin. Dès que la tumeur
s'est étendue sous la gorge, l'animal

tombe & fuccombe. On trouve à l'ouverture du cadavre les poumons farcis
de fang noir & épais , un épanchement
de fang diſſous dans les cavités coniques
de la poitrine, une inflammation très-
forte dans la plèvre , le médiaſtin & le
péricarde.

X I I I.

Charbon effentiel dans la bouche.

LE charbon qui a fon fiége dans la
bouche, & auquel nous pourrions con-
ferver le nom de *gloſſanthrax* , puiſqu'il
exprime parfaitement le fiége de la maladie, affecte particulièrement la langue,
fa furface fupérieure , fa furface inférieure , fes côtés, fa bafe , fon frein ; il
fe montre par des phlictènes ou veſſies
blanchâtres ou blafardes ou livides ou
noires , &c. la plupart de ces veſſies
s'ouvrent prefque auffitôt qu'elles font
formées.

D'autres veſſies , plus épaiſſes & plus
opaques, réſiſtent plus long-temps à l'action de l'humeur qu'elles contiennent,
quoique celle-ci agiſſe conſtamment fur

elles ; elle parvient cependant à les dila-
cérer & à les ouvrir ; elle fe répand
dans l'intérieur de la bouche , fe mêle
avec la falive , & l'animal l'avale : mais
fa nature eft fi âcre , fi corrofive , qu'à
peine defcendue dans les eftomacs , elle
gonfle & tue l'animal ; c'eft un véritable
poifon dont nous aurons occafion de
parler ailleurs.

Le charbon fe montre encore à la
langue fous la forme d'une induration
de figure ronde ou oblongue , plus
compacte , plus dure que la phlictène
précedemment décrite. C'eft un foulè-
vement de la membrane extérieure de
la langue ; fa dureté eft produite par une
gangrène sèche ; cette tumeur forme
une efpèce de capfule qui couvre ,
cache & dérobe un fang décompofé ,
ou une lymphe très-cauftique qui creufe
plus ou moins l'épaiffeur de l'organe ,
fans endommager davantage la membrane qui le recouvre extérieurement.

Pareille tumeur fe montre , mais plus
rarement , à la partie moyenne du palais
ou dans fa partie inférieure , dans l'endroit

l'endroit répondant aux fentes incifives; en ce cas, la membrane pituitaire eft plus ou moins enflammée, & plus ou moins gorgée.

Les fymptômes qui accompagnent le *gloffanthrax* ou le charbon de la bouche, ne paroiffent pour l'ordinaire que lorfque la tumeur eft ouverte, & que l'ulcère qui en réfulte, eft grand & profond; ces fortes de dilacérations font d'autant plus dangereufes, que leur marche fe fait moins apercevoir au-dehors, ou qu'elle nous échappe plus long-temps par la négligence à infpecter la bouche des animaux. Les fymptômes extérieurs qui en annoncent les progrès, font la trif-teffe, le dégoût, la fuppreffion du lait & la ceffation de rumination; mais, lorf-que ces fignes maladifs deviennent fen-fibles, les parties affectées du charbon ont déjà été très-maltraitées. On a vu des langues percées, coupées; on en a vu tomber en lambeaux: alors elles font toujours plus ou moins tuméfiées, & plus ou moins gangrénées; fi au con-traire on a faifi l'inftant de l'apparition

du premier symptôme, & qu'aussi-tôt
l'on examine la bouche, on trouve des
ulcères dont les bords sont plus ou
moins épais, plus ou moins renversés,
& plus ou moins calleux; ces ulcères
sont rouges & enflammés, & même le
plus souvent noirs ou livides, &c. L'hu-
-meur qu'ils fournissent, n'est jamais un
pus bien conditionné; c'est une sérosité,
ou plutôt une sanie plus ou moins âcre,
& qui agit avec plus ou moins d'intensité; on l'a vue retenue sous le frein
de la langue, creuser & endommager
prodigieusement cette partie.

Les ulcères résultans en général de
ces sortes de tumeurs, se forment avec
tant de célérité dans certaines épizooties,
qu'on a été le plus souvent porté à
croire que nulle tuméfaction n'avoit
précédé ces ulcérations; il est vrai cependant qu'elles les ont précédées,
qu'elles se sont ouvertes, & que l'enflure
que l'on trouve dans la bouche de
chaque malade en est la suite & l'effet.
Quoi qu'il en soit, & nous le répétons,
l'humeur fournie par ces ulcères agit

avec une célérité & avec une malignité telles, qu'elle détruit dans très-peu de temps les parties fur lefquelles elle fe répand, & lorfque fa déglutition ne caufe pas la mort dans un temps très-court comme nous venons de le remarquer, elle établit la gangrène qui gagne de proche en proche, fe propage dans le pharynx & le larynx, & affecte le cerveau. Les convulfions furviennent, & la mort termine une maladie qui s'eft annoncée par les fymptômes les plus légers en apparence.

Les veffies qui s'élèvent après l'apparition des tumeurs du fecond genre, & dont l'enveloppe eft plus ou moins épaiffe, cèdent beaucoup plus difficilement que les précédentes à l'action de l'humeur qu'elles renferment, qui les remplit & qui les forme. Ce fluide hétérogène, lent à agir, à en juger par fes effets, tant qu'il eft renfermé dans la tumeur qui le contient, eft cependant bien prompt à nuire lorfqu'il en eft échappé ; telle eft fans doute fa nature, qu'il n'acquiert ce caractère infigne de malignité, que lorſqu'il s'eſt fait jour au dehors & qu'il eſt frappé par l'air, ſoit dans la bouche, ſoit lorſqu'il eſt parvenu dans les organes de la digeſtion; ſemblable au phoſphore, qui ne brûle & ne s'enflamme pour ſe conſumer qu'à la ſortie de l'eau, car nous ne penſons pas que la qualité délétère de l'humeur charbonneuſe dépende de ſa combinaiſon avec les ſucs digeſtifs.

Les effets de cette humeur dans les ventricules ſont ſi foudroyans, qu'à peine elle y eſt parvenue que l'animal tremble, que ſes ventricules ſe météoriſent & qu'il ſuccombe. La panſe eſt ſemée de taches gangréneuſes; le paſſage ſeul de ce fluide en a fait naître le long de l'œſophage, au pharynx, &c.

Le charbon qui ſe montre par une induration, produit non-ſeulement la perforation de la langue, mais il attaque encore les parties molles compriſes entre les deux branches de la mâchoire.

Celui du palais a formé des *ſpina ventoſa* qui ont creuſé & percé cette voûte oſſeuſe; la membrane pituitaire en a été gangrénée, les cornets du nez, l'os ethmoïde, ont été plus ou moins cariés ; les sinus frontaux, maxillaires, &c. plus ou moins remplis de sanie ou de sang dissous & décomposé, & tous ces ravages ont été produits dans un temps fort court.

X I V.

Charbon essentiel qui se montre sur la peau par des taches noires.

I L est encore un charbon essentiel qui affecte particulièrement le bœuf, le mouton & le cochon ; il s'annonce par de simples taches blanches ou livides ou noires, &c. Ces différentes nuances se succèdent selon la progression de la maladie : ces taches n'intéressent que la peau qui est presque toujours soulevée, détachée & crépitente, sur-tout dans les bêtes à cornes ; l'humeur âcre & corrosive, creuse en dessous, & les chairs sont dissoutes à divers degrés ; la marche de ce charbon est moins prompte que celle du charbon décrit *(art. XII)*;

mais ſes effets pour être moins rapides, n'en ſont pas moins funeſtes.

X V.

Charbon eſſentiel ſur la tête des moutons.

LA tumeur charbonneuſe qui affecte la tête des moutons, eſt une effloreſ- cence très-fréquente & très-dangereuſe; elle a peu d'élévation, la peau eſt deſ- unie, elle devient comme ſoufflée, elle eſt deſſéchée & gangrénée; le tiſſu cellulaire & le péricrâne ſont détruits. L'humeur corroſive ſe répand ſous l'o- reille, ſous le périorbite & détruit avec la plus grande rapidité l'un & l'autre de ces organes. C'eſt alors que les ſymptômes maladifs ſe déclarent; l'a- nimal eſt fébricitant, étourdi & dans le coma; les convulſions ſuccèdent à ces ſymptômes, & l'animal ſuccombe au bout de deux ou trois jours au plus tard. Le cerveau eſt plus ou moins in- filtré de ſang, & plus ou moins diſſous; les glandes pinéale & pituitaire ſont noires

& décomposées ; le plexus coroïde & le rets admirable de Willis font noirs & charbonneux , on a vu les os du crâne noircis fur l'une & l'autre face & dans leur épaiſſeur.

XVI.

Charbon des extrémités.

LE charbon qui affecte les extrémités dans tous les animaux , n'exiſte jamais ſans occaſionner des claudications plus ou moins fortes ; elles ſont néanmoins plus ſenſibles lorſque la tumeur a ſon ſiége dans le ſabot , que lorſqu'elle occupe les glandes inguinales ou la face interne & ſupérieure des cuiſſes. Les progrès de ces ſortes de charbons ſont très-rapides ; celui de la cuiſſe qu'on nomme *trouſſe-galant* dans le cheval , fait des progrès à vue d'œil ; dès que le principe ou même le germe de la tumeur eſt établi , la jambe devient énorme , la fièvre ſe déclare & devient très-forte ; les accidens de toute eſpèce ſe développent avec une rapidité

étonnante ; les facultés vitales & orga-
niques s'anéantissent bientôt, & l'animal
meurt en moins de douze à vingt-quatre
heures : plusieurs périssent après une
attaque de paralysie dans l'arrière-main.

Il y a des chevaux qui entrent dans
une agitation extrême, qui mordent le
sol, la mangeoire, tout ce qui est à
leur portée, qui tombent enfin dans un
accès frénétique, ou plutôt se livrent
à toutes les fureurs ordinaires aux animaux enragés ; l'intérieur des parties de
l'arrière - main est gangréné, les nerfs
sacrés & la moëlle alongée, à compter
des dernieres vertèbres dorsales, sont
noirs ou bleuâtres ou teints de sang :
ces accidens, dans les bêtes à cornes,
dans le mouton & dans le cochon,
sont, il est vrai, moins prompts, mais
ils sont aussi funestes.

Le charbon dans le pied cause la
chute du sabot ; les pieds des extrémités
antérieures en sont rarement affectés :
le mal se déclare d'abord dans un,
& ensuite dans les deux, formant le
bipède postérieur. Le premier affecté,

ne pouvant servir à soutenir la masse, l'autre chargé de tout le poids de l'arrière-main, est bientôt fatigué & enflammé; le sang y aborde avec impétuosité, & sa qualité étant altérée par le principe charbonneux, il gangrène & sphacèle cette partie souffrante; la fièvre, les douleurs, l'anxiété arrivent dans l'espace de dix à onze heures, à leur plus haut période: les sabots se détachent, tombent dans la litière, & l'animal succombe après avoir éprouvé les tourmens les plus cruels. Les viscères sont dans cette maladie plus enflammés que gangrénés; mais on trouve toujours des points d'engorgement dans le cerveau & dans les poumons: les progrès de ces maux sont moins rapides dans les bêtes à cornes & dans les bêtes à laine; rarement les deux sabots du même pied sont attaqués ensemble, & le côté du pied qui reste sain, concourant à soutenir la masse, retarde les effets du mal, ce qui laisse plus de temps pour secourir ces animaux. Il n'en est pas de même du mulet; les progrès du charbon dans le ſabot de cet animal, ſont plus rapides encore que ceux du charbon qui attaque les pieds du cheval. On voit ſouvent de ſemblables maux affecter le premier à la ſuite de cauſes locales, telles que clous de rue, chicots, ſurtout dans les pays très-chauds ; ils ſont très-fréquens à Saint-Domingue, où ces animaux périſſent ſouvent de cette maladie après avoir éprouvé des attaques de *tetanos* plus ou moins cruelles & plus ou moins violentes.

X V I I.

Charbon blanc.

IL eſt des charbons eſſentiels qui affectent indiſtinctement toutes les parties du corps, & particulièrement l'épine, les côtes & l'abdomen; les effloreſcences ne ſont pas toujours viſibles, l'humeur charbonneuſe reſtant quelquefois dans l'épaiſſeur des chairs ſans ſoulever les tégumens, mais l'Artiſte attentif les reconnoît au tact: en paſſant la main ſur la ſurface du corps de l'animal, il les diſtinguéra par une dureté plus ou moins enfoncée, ronde & circonſcrite, ou par une eſpèce d'enfoncement réſultant de la détérioration des chairs qui ſe ſont diſſoutes & gangrénées, ou enfin par la tuméfaction des muſcles abdominaux & la crépitation de la peau en cet endroit. Ce charbon eſt celui que les payſans nomment *charbon blanc*; il eſt accompagné du froid des cornes, des oreilles & de toute la ſurface du corps, de la ceſſation de la rumination; le friſſon ſurvient, & devient peu-à-peu très-conſidérable: la bouche ſe remplit d'une bave épaiſſe & viſqueuſe; cette humeur flue plus ou moins copieuſement; la langue eſt ſans mouvement & comme paralyſée; l'animal ne ſe lèche plus & n'avale plus ſa ſalive; il refuſe toute eſpèce d'alimens; il eſt extrêmement foible & abattu; toutes les excrétions ſont interceptées; ſon haleine exhale une odeur infecte; la météoriſation ou la diarrhée colliquative le conduiſent à la mort: pluſieurs périſſent, & c'eſt le plus grand nombre, ſans qu'il ſe ſoit fait aucune évacuation & ſans avoir ſouffert de gonflement. On trouve à l'ouverture des cadavres, des épanche-mens lymphatiques & ſanguinolens ſous la peau, dans le tiſſu cellulaire & entre les muſcles ; ce ſont ces épan-chemens qui ont fait donner à cette maladie le nom que nous avons cité : on a vu dans quelques ſujets, le pani-cule charnu d'un côté, & quelquefois des deux, converti en une gelée rou-geâtre, les viſcères plus ou moins infil-trés, pourris & gangrénés ; les cadavres exhalent toujours une odeur infecte & très-rebutante.

X V I I I.

Charbon ſymptomatique.

LE charbon ſymptomatique ne ſe montre que ſix, douze, dix-huit, vingt-quatre, trente-ſix & même quarante-huit heures après les effets d'une commotion fébrile. Ce mouvement eſt encore pré-cédé par le dégoût, la triſteſſe & la ceſſation de la rumination, le froid des oreilles, des cornes & des extrémités, la douleur de l'épine, & notamment des lombes lorsqu'on comprime ces parties, la dureté de la panse, sur-tout si la maladie s'est déclarée, ainsi qu'il arrive le plus souvent après que l'animal a mangé ; car alors toute digestion est suspendue, & le mal est d'autant plus grand que l'indigestion est plus forte : le pouls est concentré, les pulsations sont traînées & irrégulières, les urines sont rares ou supprimées, les déjections sont arrêtées, &c. le frisson se manifeste ensuite, & quelquefois il précède ces symptômes : dès qu'il est passé, la chaleur du corps, des oreilles, de la bouche & de l'air expiré, est plus forte que dans l'état naturel ; le mouvement des flancs est accéléré, le pouls est soulevé, fréquent, & plutôt caprizant qu'intermittent. C'est ordinairement à cette époque que les charbons ou les tumeurs charbonneuses paroissent.

X I X.

CETTE éruption opère un relâchement dans toute la machine ; l'animal paroît mieux & l'est effectivement ; il est moins affaissé, plus développé, plus libre dans ses mouvemens & dans sa marche ; il cherche à manger & sur-tout à boire ; l'artère est souple ; le pouls est libre & à peu de chose près dans l'état naturel ; la chaleur du corps est uniforme par-tout ; mais si la Nature n'est secourue à temps , la tumeur ou les tumeurs se sphacèlent de plus en plus ; la gangrène gagne de proche en proche ; le pouls s'efface ; la prostration des forces est plus ou moins grande ; l'anxiété succède à la foiblesse ; l'animal s'agite, il gratte le sol avec ses pieds antérieurs ; il se couche & se relève sans cesse ; il hennit, mugit, se plaint plus ou moins fortement ; la respiration devient laborieuse, entre-coupée ; les mâchoires se frottent convulsivement ; il grince les dents ; la bouche se remplit de bave ; la tumeur ou les tumeurs s'affaissent ; l'humeur qu'elles contiennent rentre, & l'animal succombe plus ou moins promptement : quelquefois cette même humeur se fait jour à travers les tégumens ; alors elle se répand sous la forme d'une sérosité rougeâtre, ou elle s'infinue dans le tiffu cellulaire des parties adjacentes ; dans l'un & l'autre de ces cas, elle altère & gangrène toutes les parties fur lefquelles elle s'eft répandue. La mort dans cette circonftance eft moins prompte, il eft même des animaux qui en font ré-chappés. On a vu que les fujets chez lefquels les tumeurs charbonneufes fe formoient dans la gorge, l'arrière-bouche, le larynx, mouroient peu de temps après avoir donné des fymptômes de frénéfie ou d'hydrophobie.

X X.

CES fortes de charbons font prefque toujours fans douleur, fans chaleur ; la gangrène s'en empare auffitôt qu'ils paroiffent, & l'humeur qu'ils renferment eft totalement putréfiée : elle eft quelquefois fi délétère, qu'elle produit dans les hommes & dans les animaux, chez lefquels elle s'eft infinuée par une voie quelconque, les defordres les plus

effrayans, & même la mort s'ils ne font
secourus promptement (b).

X X I.

(b) Le sieur Perret, Artiste vétérinaire à
Angers, en donnant l'histoire d'une maladie
charbonneuse qu'il avoit traitée avec beaucoup
de succès, rapporte le fait suivant:

Le nommé *Chevalier*, ayant fait l'ouverture
d'un bœuf mort de cette maladie, porta ses
mains teintes de fang à fon vifage, qui étoit
naturellement couvert de boutons; peu de
temps après il lui survint un éréfipèle qui s'éten-
dit & prit un caractère absolument charbonneux: les maux de cœur, le frisson, la syncope
& la mort suivirent de près le contact du fang
de cet animal infecté, fur des parties très-dif-
posées à en recevoir l'impreffion.

Le sieur Coquet, Artiste vétérinaire à Neuf-
châtel en Normandie, a traité une maladie charbonneuse fur les bêtes à cornes, dont la
malignité étoit telle, que deux hommes de la
paroiffe de Cahagne, qui ont eu l'imprudence
de faigner à la gorge un taureau malade & fur
le point de mourir, ont éprouvé un gonflement
très-confidérable au bras droit avec des taches
livides, à la fuite de l'attouchement du fang fur
la partie: peu de temps après l'exiftence de la
tuméfaction, ils ont éprouvé des maux de cœur,
une fièvre violente, des sueurs copieuses, &
ont été très-dangereufement malades.

Le

X X I.

CETTE humeur n'est pas cependant
toujours d'un caractère aussi insidieux:
nous voyons des animaux résister à ses
effets l'espace de douze, dix-huit &
même vingt jours, au bout duquel temps
il survient une espèce de colliquation;
leur corps, leurs excrémens & leur
haleine exhalent une odeur fétide &
cadavéreuse; ils sont constamment dégoûtés de tous les alimens solides &

Le charbon qui s'est manifesté sur les chevaux & sur les bœufs en Août 1775, à Châlons-
sur-Marne, s'est communiqué à plusieurs per-
sonnes qui en sont mortes. De ce nombre sont
le Berger de la Grange-le-comte, mort au bout
de huit heures, pour avoir ôté le cuir d'un
bœuf enlevé par cette maladie; une Femme à
Villers-aux-bois qui a éprouvé le même sort
pour avoir introduit son bras dans le *rectum* d'un
cheval attaqué du charbon.

Le sieur Vinson, Artiste vétérinaire, s'étant
blessé à la jambe avec l'instrument dont il s'é-
toit servi pour faire l'ouverture d'un bœuf mort
du charbon, a été affecté presque subitement
d'une tumeur charbonneuse à cette même
jambe; il n'a dû son salut qu'à un traitement
raisonné, dont il a fait usage sur le champ.

C

liquides ; il en eſt dont le corps, la tête
& l'encolure ſe météoriſent , d'autres
qui dépériſſent à vue d'œil, & les uns
& les autres meurent bourſoufflés &
météoriſés, ou entièrement deſſéchés
& atrophiés.

XXII.

CETTE différence du plus ou du
moins de lenteur dans les progrès de
cette maladie, peut dépendre du plus
ou du moins de malignité de l'humeur
qui la produit ; mais il nous a paru
qu'elle dépendoit plus particulièrement
du plus ou du moins d'importance des
organes affectés.

Les animaux qui y ſuccombent ont
effectivement le médiaſtin ou les poumons, le cœur ou le diaphragme, le
foie ou le pancréas, l'eſtomac ou les
eſtomacs, ou les inteſtins, les reins ou
la matrice, les véſicules ſéminales ou la
veſſie, plus ou moins affectés de gangrène ou de taches gangréneuſes, répandues çà & là ſur la ſurface des uns ou
des autres de ces viſcères, tandis que

ceux chez lesquels le mal traîne en longueur, montrent plus particulière-ment des tuméfactions noires & gan-grénées dans l'épaisseur du méfentére, dans les glandes méfentériques, dans l'épaisseur de la graisse ou de l'axonge qui enveloppe les reins, entre le péri-toine & les muscles abdominaux, &c. ou des épanchemens de fang ou de férofité dans la poitrine, la matrice, le bas-ventre, &c.

XXIII.

Fièvre charbonneufe.

LE charbon peut exifter fans aucune efflorefcence extérieure quelconque, c'eft ce que nous nommons *fièvre char-bonneufe* ; cette maladie eft prefque toujours épizootique ; il n'eft guère poffible de la reconnoître qu'à l'ou-verture des cadavres, dans lefquels on remarque en général les mêmes dés-ordres que dans le charbon effentiel, & plus particulièrement des tumeurs noires, fanguines & charbonnées, dans le méfentère, près le tronc de l'artère méfentérique antérieure, entre celui de la cœliaque & cette même méfentérique, dans l'épaiffeur de la rate, du foie, du pancréas, &c. on voit encore des échymofes dans le cerveau, fur la furface extérieure du cœur, dans fon épaiffeur, dans les poumons, des épanchemens de fang noir & diffous dans les différentes cavités, dans les ventricules du cerveau, dans les inteftins & la veffie, dans l'épaiffeur des chairs, de la graiffe, &c.

Cette maladie eft extrêmement aiguë, l'animal n'en eft pas plutôt atteint, qu'il périt dans l'inftant, fans avoir donné le plus léger fymptôme maladif, & fouvent même pendant qu'il travaille, &c. Le délai le plus long qu'elle donne, eft une heure ou deux, l'animal paroît étourdi, égaré; il lève & baiffe la tête; il fe fecoue, fe tourmente, fe plaint, hennit, &c. les yeux fortent, pour ainfi dire, de leur orbite; il chancelle, tombe & meurt dans des convulfions plus ou moins violentes.

Ce charbon n'attaque guère que les jeunes animaux ; il a paru que ceux qui avoient au-delà de fix à fept ans en étoient exempts : peut-être que la force plus grande du fyſtème artériel en eſt la cauſe.

X X I V.

Cette diviſion du charbon en eſſentiel, ſymptomatique & fièvre charbonneuſe n'eſt point idéale : les différences qui les caractériſent peuvent être des modifications de la même maladie & des aſpects différens ſous leſquels elle ſe préſente ; mais comme ces modifications tiennent vraiſemblablement à une diſpoſition particulière des ſujets, à leur tempérament, ainſi qu'à la nature de l'humeur qui donne lieu à ces ſortes de maux, elle nous paroît d'autant plus importante, que les uns & les autres de ces charbons demandent un traitement particulier & différent.

X X V.

Le charbon eſſentiel attaque les ſujets

d'une conftitution forte qui fe défend avec énergie de l'ennemi qui l'opprime: le charbon fymptomatique fuppofe moins d'activité, & il eft plutôt l'effet d'un refte de force, que d'une énergie abfolue ; tandis que dans la fièvre charbonneufe l'humeur refte concentrée, elle ne peut être déterminée à la furface, attendu l'inertie des mouvemens vitaux. Quoi qu'il en foit, le caractère de la tumeur eft de ne jamais fuppurer, quelque moyen que nous ayons mis en ufage pour lui procurer cette terminaifon ; l'humeur qu'elle contient eft un dépôt de matière vraiment délétère ; fa réfolution, ou fa rentrée eft une délitefcence mortelle; la gangrène dans le cheval, le mulet, l'âne & le chien, ne fe manifefte qu'après que la matière eft dépofée ; elle eft plus prompte dans le bœuf & le mouton : de-là fans doute la différence des fymptômes que l'on obferve dans les différens animaux, relativement à cette tumeur inflammatoire dans les uns, & froide dans les autres.

Elle eft plus ou moins dangereufe

fuivant les parties qu'elle affecte; fa fi-
tuation autour de la tête & fur la tête,
fur le larynx, le pharynx, la partie antérieure de l'encolure, la partie fupérieure & antérieure du poitrail, fur les
mamelles, fur les parties de la géné-
ration & dans les fabots, la rend plus
meurtrière que lorfqu'elle eft fituée
par-tout ailleurs.

Caufes.

Les caufes de cette maladie font en
très-grand nombre; mais elles font le
plus fouvent communes & générales.
Elle fe montre après des faifons pluvieufes qui ont fuccédé à de grandes
féchereffes, après la confommation de
fourrages vafés, mal récoltés, fubmer-
gés, rouillés, chargés d'infectes, &c. elle
eft très-fréquente & même enzootique
dans les pays bas, aquatiques, maréca-
geux, & dans les prairies qui abondent
en renoncules, juncago, lèches, queues
de cheval, &c. elle s'y montre même
épizootique dans les années pluvieufes,
& elle attaque un nombre prodigieux

d'animaux; elle est encore enzootique dans les paroisses & chez les particuliers qui sont forcés d'abreuver leurs bestiaux d'eau de mare bourbeuse & croupissante, ou d'eau de puits chargée de marne, de glaise & de sélénite; ces eaux se reconnoissent à leur défaut de transparence & de limpidité; elles sont laiteuses, elles ont un goût & une odeur fades; elle règne aussi dans les pays secs & élevés, mais ce n'est qu'après des sécheresses & des chaleurs extrêmes ou des orages fréquens qui refroidissent le temps tout-à-coup, ou après des pluies continuelles.

Les prairies artificielles formées de trèfles, la développent souvent dans les animaux qui ne vivent que de cette plante, soit qu'ils la mangent en herbe, soit qu'on la leur donne en fourrage pour toute nourriture; mais si elle est mêlée avec partie égale de paille de froment, elle forme une nourriture moins échauffante, & par conséquent plus saine. Cette maladie a encore été la suite de l'usage de pailles & de foins nouveaux, de l'excès d'exercice, de grain, de l'avoine plâtrée, du son fermenté, &c. elle s'est manifestée dans le chien après s'être vautré sur la charogne, en avoir mangé, &c. dans le bœuf & le mouton, après des coups de soleil; enfin les uns & les autres de ces animaux en ont été affectés spontanément sans aucune cause apparente; mais comme tout ce qui peut appauvrir le sang & la lymphe, suspendre ou supprimer les sécrétions, énerver la tissure des tégumens, anéantir l'action des filtres cutanés, augmenter l'âcreté de la bile, &c. tient à des causes aussi inextricables qu'invisibles, & dont néanmoins le charbon peut être la suite; il n'est point étonnant que cette maladie, ainsi qu'une infinité d'autres, se développe inopinément sans aucune cause sensible.

Au reste, le charbon essentiel nous a paru plus particulièrement être la suite d'une boisson chargée de parties hétérogènes; le charbon symptomatique, de plantes âcres & aquatiques; & la fièvre charbonneuſe, de la viciſſitude des ſaiſons, & notamment de l'excès de ſéchereſſe.

XXVI.

Curation.

LES tumeurs charbonneuſes en général, peuvent & doivent être regardées comme l'effet d'un effort que fait la Nature pour ſe débarraſſer de l'humeur qui la ſurcharge, & dont il importe de favoriſer la ſortie par toutes les voies qui peuvent la lui procurer ; celle qui nous a paru la plus propre à cet effet, eſt ſans contredit la partie ſur laquelle la tuméfaction s'eſt formée ; il eſt généralement prouvé par l'expérience, ainſi que par toutes les particularités que préſente cette tumeur dans ſa formation, ſes progrès & ſa terminaiſon, que l'humeur qui la conſtitue eſt un dépôt critique, dont l'éruption & l'évacuation délivrent la machine ; que le charbon ne ceſſe d'être curable, qu'autant que le virus a le temps & le pouvoir de porter atteinte aux viſcères ou aux autres organes essentiels à la vie : que toutes les fois qu'il circule encore avec la masse générale des humeurs, il est très-facile d'en anéantir les effets, soit en le dénaturant par des médicamens, dont la vertu est diamétralement opposée à ses mauvaises qualités, soit en l'évacuant par les couloirs excrétoires, par des égouts artificiels, &c.

XXVII.

Lorsque cette maladie est épizootique, elle exige deux espèces de traitemens, l'un préservatif & l'autre curatif.

Le premier est le même dans les trois espèces décrites, c'est aussi par lui que nous devrions commencer ; mais comme la fièvre charbonneuse ne peut être soumise à un traitement curatif, vû la promptitude de sa marche & la célérité des effets sinistres qui en sont les suites, nous suivrons dans la description du traitement, l'ordre observé dans l'histoire des différentes espèces de charbon. Le traitement prophilactique qui

convient dans la circonſtance d'un charbon eſſentiel, ainſi que dans celle d'un
charbon ſymptomatique eſt abſolument
le même, & il deviendra curatif & pré-
ſervatif lors de l'exiſtence d'une fièvre
charbonneuſe. La deſcription de ce traitement terminera donc cet Ouvrage ;
ainſi nous commencerons d'abord par
celle du traitement du charbon eſſentiel;
de-là nous paſſerons à celui du charbon
ſymptomatique, & nous terminerons
par la méthode prophilactique, obſer-
vant néanmoins de faire précéder ces
différens traitemens par l'indication de
tout ce que l'Artiſte doit preſcrire &
faire obſerver dans le régime, ſans
lequel les méthodes propoſées ne ſe-
roient d'aucune utilité.

X X V I I I.

Traitement du charbon eſſentiel.

LE charbon eſſentiel eſt en général
le moins dangereux, & celui dont on
triomphe le plus facilement, ſurtout lorſqu'il n'a pas le caractère de

malignité que nous lui avons reconnu (*art. XII*), & qui est, à la vérité, très-rare ; néanmoins nous entrerons, pour le traitement, dans tous les détails relatifs à ces différentes nuances, & nous chercherons, autant qu'il sera possible, à énoncer les indications diverses qu'elles présentent, & que nous avons décrites dans l'histoire qui précède. Le charbon symptomatique a également des degrés divers de malignité & d'intensité ; ce qui nous obligera, pour ne rien laisser à desirer, d'entrer dans des discussions relatives à ces différences ; ce qui fera autant d'articles séparés. Cette méthode nous a paru la plus propre à fixer l'attention des Élèves dans la cure de cette maladie formidable ; quelque minutieux que soient les détails dans lesquels nous entrerons, ils ne trouveront encore que trop d'indications nouvelles à remplir, sur lesquelles les modifications déjà énoncées les éclaireront.

XXIX.

Soins & Régime.

RIEN n'est à négliger dans une épizootie, la plus légère omission, le plus léger retard dans les secours ne sont souvent que trop funestes.

Les tumeurs charbonneuses peuvent, ainsi que nous l'avons démontré, se manifester au moment où on s'y attend le moins; on ne sauroit donc visiter trop fréquemment les animaux, examiner avec trop d'attention toutes les parties de leur corps, les unes après les autres, afin de s'assurer de l'existence de la plus légère efflorescence; il n'est pas moins important de remarquer soigneusement le plus léger dégoût, la plus légère tristesse; de visiter la bouche pour en connoître l'état inflammatoire; de voir si les yeux ne sont pas larmoyans; si la rumination n'est pas retardée; si le lait n'est pas altéré; & en un mot, de reconnoître le plus léger symptôme qui puisse faire soupçonner l'invasion de la maladie. Si l'épizootie est de nature à affecter l'intérieur de la bouche, cette cavité doit être inspectée plusieurs fois dans la journée, ainsi que toutes les parties qu'elle renferme, pour ne pas laisser surprendre l'animal par des tumeurs & des ulcères capables de le conduire inopinément à la mort ; si au contraire la maladie affecte le pied, il faut toucher très-souvent cette partie & notamment la couronne, pour reconnoître si la chaleur est plus forte que dans l'état naturel, ce qui est un signe non équivoque que le charbon ne tardera pas à se développer ; l'engorgement des veines latérales, la dureté & la plénitude des artères de ce nom, font des signes non moins certains de l'apparition prochaine de cette tumeur.

On doit éviter avec le plus grand soin toute communication ; ceux qui soignent les malades ne doivent jamais entrer dans les étables saines ; cette maladie étant des plus contagieuses ; on brûlera à la porte des écuries, étables ou bergeries infectées, le fumier qu'on en retirera chaque jour, afin que les particules contagieuses qu'il renferme ne puissent, en s'étendant au loin, propager la contagion. On enterrera les cadavres le plus profondément que l'on pourra, après avoir lacéré leur cuir, pour prévenir les effets de la cupidité & de l'avarice ; le commerce de ces cuirs n'a été que trop funeste, & plusieurs provinces gémissent encore sur les pertes inappréciables qui en ont été la suite. Ces précautions sont d'autant plus nécessaires, que les affections charbonneuses, le plus souvent mortelles, dont ont tant de fois été affectés ceux qui ont eu la témérité d'enlever les cuirs, n'a pu jusqu'ici arrêter ce trafic trop dangereux pour n'être pas rigoureusement prohibé. Toute communication des animaux sains avec les malades doit être soigneusement interceptée ; on tiendra les premiers dans des étables, & on ne les laissera aller que dans des pâturages bien parqués & même clos de murs, peu éloignés des habitations. Cette maladie est semblable au claveau,

par

par la facilité avec laquelle elle se communique; il suffit du passage d'un animal infecté dans un lieu habité par des animaux sains, pour qu'elle se répande sur eux; & nous pourrions citer plusieurs exemples qui prouvent qu'un animal infecté, introduit furtivement dans une paroisse, a occasionné la perte entière de ses troupeaux.

On fera bouchonner, étriller & brosser souvent l'animal, afin de rétablir l'excrétion de l'insensible transpiration; cette évacuation si salutaire étant toujours supprimée dans cette maladie, on le tiendra couvert & dans la plus grande propreté; on fera bouillir du vinaigre dans un vase sur un réchaud, on en dirigera les vapeurs sous le ventre, sous la poitrine & dans les naseaux; on lui fera souvent respirer un air frais, soit en le promenant s'il fait beau, soit en parfumant l'écurie, l'étable, le chenil, &c. avec des plantes aromatiques; le feu étant un ventilateur très-efficace pour renouveler & purifier l'air, il importe d'en entretenir des brasiers à la porte des écuries & en dedans; on fixera dans la bouche des chevaux & des bœufs des billots composés d'oximel simple, de racine d'angélique & de camphre (*n.° 12*).

Les animaux malades seront tenus à la diète la plus sévère; la moitié de la ration ordinaire sera donnée à ceux qu'il s'agira de préserver.

Les chevaux, les bêtes à cornes & les bêtes à laine, seront tenus au sec; le foin, la paille & le son seront choisis très-bons & très-sains, & seront leur seule nourriture.

Ceux de ces animaux qui seront affectés d'ulcères à la langue, n'auront pour toute nourriture qu'un peu de son mouillé & de l'eau blanche, sur un seau de laquelle on aura fait dissoudre une once de sel de nitre; toute autre nourriture solide entre dans les ulcères, les irrite, les déchire & les agrandit; on ne délivrera cette ration qu'après avoir injecté dans la bouche des liqueurs détersives (*n.° 18*) & avoir lotionné particulièrement l'ulcère : on répétera ces opérations, ayant le plus grand foin, qu'aucune des particules de fon ne refte & ne féjourne dans la plaie.

Le cochon fera mis à l'ufage de l'orge du gland ou du fon de froment; il fera abreuvé d'eau blanchie par la farine d'orge, ou par celle de froment, fur un feau de laquelle on aura fait diffoudre une once de fel de nitre, & dans laquelle on aura ajouté un verre de vinaigre.

Le chien aura pour toute nourriture un peu de pain raffis & de l'eau pure qu'on renouvellera fouvent.

X X X.

Traitement du charbon effentiel, (art. X).

CE charbon eft-il petit, récent, perforé ou non-perforé, coupez le poil fur la tumeur dans fa circonférence & même à quelque diftance de fa bafe ; armez-vous d'un biftouri droit, fendez la peau en croix, féparez les quatre lambeaux des tégumens réfultans de

cette incifion, faififfez la tumeur avec
une érigne ou avec un crochet de fer
quelconque, ou avec des pinces anato-
miques, difféquez & féparez-la de toutes
les parties auxquelles elle adhère au
moyen d'un fcalpel à deux tranchans,
& fi fon fond ou fa bafe font trop en-
foncés ou engagés dans des parties dont
la fection feroit dangereufe, ainfi qu'il
arrive dans le charbon perforé, laiffez
cette même partie que vous ne pouvez
atteindre ; prenez un bouton de feu
chauffé jufqu'au point de blanchir,
& cautérifez le plus qu'il vous fera
poffible.

X X X I.

REMPLISSEZ l'ulcère réfultant de
cette opération de plumaceaux chargés d'onguent épifpaftique & cauftique
(*n.° 14*) afin d'y entretenir l'inflammation locale, & d'attirer les humeurs fur
la partie. Rabattez les lambeaux des
tégumens fur les plumaceaux ; couvrez
ces lambeaux, ainfi que les parties environnantes, d'un large plumaceau chargé

de ce même onguent, & fixez le tout par le moyen d'un bandage.

Il feroit dangereux de fe fervir de ce topique cauftique pour le chien, fur-tout fi la plaie eft dans un endroit fur lequel l'animal puiffe porter la langue & les dents, de crainte qu'il n'avale quelques parties de ce topique, qui produiroient infailliblement des defor-dres dans fon eftomac : l'onguent anti-gangréneux formulé *(n.° 15)*, n'aura pas cet inconvénient.

La tumeur eft-elle plus volumineufe? fes progrès à l'extérieur font-ils tels, que l'inflammation & la fièvre foient développées *(art. XI)*; l'opération pré-cédente pourroit devenir funefte, vu les grands délabremens qu'elle entraîneroit néceffairement! Scarifiez-la dans plu-fieurs endroits de fon étendue, & dans toute fa longueur & fon épaiffeur; preffez les côtés des fcarifications pour faire fortir la férofité, ainfi que le fang noir & épais dont le tiffu cellulaire & les chairs font infiltrés; lavez avec l'effence de térébenthine; rempliffez les plaies de plumaceaux imbibés de cette liqueur, & saupoudrés ensuite de quinquina; employez pour le second pansement & les suivans, l'onguent *(n.° 15)*, dans lequel l'essence de térebenthine dominera plus ou moins, suivant que la gangrène sera plus ou moins à craindre.

XXXII.

Saignez à la jugulaire si le sujet est sanguin, fort & en bon état; cette opération exige que l'estomac ne soit point farci d'alimens: en ce cas il faudroit différer jusqu'à ce que la digestion soit faite. Souvent cette opération développe l'inflammation; alors il faut la répéter d'heure en heure; nous l'avons pratiquée dans cette circonstance jusqu'à quatre fois avec beaucoup de succès: ce cas est fort rare, & en général on doit prendre garde d'affoiblir le malade par une trop grande évacuation de cette espèce; elle n'est salutaire qu'autant qu'elle réveille les forces étouffées par la redondance du sang, l'excès de sa masse, &c. L'essentiel ici est de

conserver à la Nature, la force dont
elle a besoin pour porter dans le lieu
choisi par elle, l'humeur qui la sur-
charge, & dont elle s'efforce de se
délivrer.

XXXIII.

APRÈS l'extirpation des tumeurs, les
scarifications ou la saignée, si vous avez
dû la pratiquer, donnez le breuvage
tempérant & anti-gangréneux (n.° 1);
réitérez-en la dose toutes les six heures
pendant les trois ou quatre premiers
jours; éloignez-les ensuite & ne les
donnez que de douze en douze heures.
L'administration de ce remède sera suivie
de celle d'un lavement rafraîchissant &
tempérant (n.° 9); mais les entrailles
sont-elles irritées? y a-t-il épreintes
ou ténesme? l'animal rend-il les lavemens incontinent après les avoir reçus?
ayez recours à des clistères gras, mucilagineux & calmans (n.° 10).

XXXIV.

ON est dans l'usage de fouiller les
grands animaux avant l'administration

des lavemens, pour que cette espèce de remède fasse plus d'effet, c'est-à-dire, qu'on vide l'inteſtin rectum des groſſes matières qu'il contient, en y introduiſant la main & le bras; mais comme cette opération a été ſouvent funeſte à l'opérateur *(art. XX)* dans la maladie dont il s'agit, il importe de s'en abſtenir.

X X X V.

PANSEZ l'ulcère réſultant de l'extirpation de la tumeur *(art. XXXI)* régulièrement tous les jours; continuez l'uſage de l'onguent épiſpaſtique & cauſtique *(n.° 14)*, juſqu'à ce que la ſuppuration ſoit établie, ce qui arrive ordinairement le cinquième ou le ſixième jour; elle n'eſt jamais bien louable, elle eſt toujours ſéreuſe, diſſoute & âcre; ſubſtituez alors à l'onguent ci-deſſus un digeſtif animé *(n.° 16)*. Contentez-vous d'oindre les parties environnantes d'onguent *populeum.*

Lorſque les eſcarres ſeront tombées, que les chairs ſe montreront rouges &

grenués, employez pour tout panſe-
ment des plumaceaux imbibés d'eau-de-
vie, ſur une pinte de laquelle vous aurez
fait diſſoudre aloès & camphre, de
chaque une once.

Dès que le fond de l'ulcère ſera
rempli, il ſuffira de le laver journelle-
ment avec de l'eau commune tiède,
ſaturée de ſel commun, & de le ſau-
poudrer avec la charpie rapée après
l'ablution.

X X X V I.

Les choſes étant dans cet état, l'a-
nimal eſt regardé comme guéri, & l'eſt
effectivement; le plus grand nombre des
propriétaires ſe ſert alors des animaux,
mais la prudence exige que l'on termine
la cure par un ou deux purgatifs *(n.° 7)*,
& qu'on les mette peu-à-peu à la
nourriture & au travail ordinaires, à
l'effet d'éviter les rechutes, ſouvent plus
funeſtes que la maladie même.

X X X V I I.

Nous obſerverons, en ce qui
concerne les tumeurs, qu'il en paroît

souvent après l'extirpation de la première qui a décelé la maladie ; cette
circonſtance ne change rien à la méthode preſcrite ; ſcarifiez-les & panſez-
les ainſi qu'il a été dit ; ſouvent encore
l'extirpation de la tumeur ou des tumeurs eſt ſuivie de tuméfactions œdé-
mateuſes qui s'étendent ſous le ventre,
le poitrail, &c. ces œdèmes ſont un
ſigne favorable, ils prouvent l'effort que
fait la Nature pour ſe dépurer ; percez-
les de petites pointes de feu dans différens endroits de leur étendue, & couvrez
le tout d'onguent nervin *(n.º 17)*.

XXXVIII.

LE charbon eſt-il ancien ! la gangrène
s'eſt-elle emparée de la tumeur ! armez-
vous d'un cautère cutetaire, circonſcri-
vez-la au moyen d'une raie de feu, qui
traverſera les tégumens, & qui pénétrera
juſque dans les chairs, non par l'effet
de la force que vous pourriez employer
en appuyant ſur le manche de l'inſtru-
ment, mais par l'action ſeule & unique
du feu dont le cautère ſera pénétré,

jusqu'à ce qu'il ait acquis une couleur rose ; amputez tout ce qui est gangréné ; cautérisez le fond de l'ulcère avec un cautère ovoïde, & pansez comme ci-devant avec l'onguent *(n.° 15)*.

L'application du feu n'est pas aussi douloureuse qu'on se l'imagine communément, elle a souvent fait cesser les douleurs que les points gangréneux occasionnoient sur les parties tendineuses & nerveuses ; c'est ce dont nous avons été assurés une infinité de fois par la cessation de l'anxiété ou de l'agitation dans laquelle étoit le malade avant la cautérisation ; mais revenons à notre objet.

Le sujet jouit-il de toute sa force ! les breuvages & les lavemens prescrits dans le cas précédent suffiront pour triompher ; mais est-il foible ou abattu ! ayez recours aux cordiaux unis aux sudorifiques *(n.° 2)* ; dès que ces médicamens auront produit l'effet desiré, suspendez-en l'usage, sauf à y avoir recours de nouveau si le cas le requiert ; mais soutenez les forces ranimées par ces médicamens , par des alexitaires mitigés *(n.° 3)*.

X X X I X.

L E charbon est-il mobile , s'étend-il promptement, a-t-il tous les caractères de malignité que nous lui avons observés *(art. XII)* ! il importe de brusquer le traitement avec autant de promptitude que les progrès du mal sont rapides.

Ouvrez les deux jugulaires à la fois & faites une ample saignée , ne perdez point de temps ; ouvrez & scarifiez très-profondément la tumeur pendant que le sang coule, circonscrivez-la par une raie de cautérisation , comme dans le cas précédent ; à cette différence néanmoins que la raie circulaire de feu sera pratiquée à trois ou quatre travers de doigt de la base de la tumeur pour arrêter & fixer plus sûrement les progrès de la gangrène ; il importe encore de remplir l'intervalle existant entre la base de la tumeur & la raie tracée , de pointes de feu qui traverseront les tégumens & qui pénétreront jusqu'à l'effusion d'un sang vif & vermeil, arrêtez le ſang de la jugulaire, & donnez tant en breuvage qu'en lavemens, les délayans, les ni- treux & les calmans *(n.° 4)*, l'éther en eſt un très-efficace, mais ſa cherté en interdit ſouvent l'uſage; il ne doit être employé que pour des ſujets très-pré- cieux, panſez les ſcarifications comme il eſt dit précédemment, avec l'eſſence & ſa poudre de quinquina, couvrez les parties brûlées avec l'onguent *(n.° 15)*.

X L.

L E charbon a-t-il formé des ulcères ſur la langue *(art. XIII)* ? Saiſiſſez cet organe avec la main gauche, retirez-le hors de la bouche le plus que vous pourrez, laiſſez la tête penchée en contre-bas, ſcarifiez les bords & le fond de l'ulcère, amputez ces mêmes bords, s'ils ſont calleux, noirs ou li- vides; ſi pareilles taches ſe trouvoient dans le fond de l'ulcère, il faudroit pareillement les enlever avec l'inſtru- ment tranchant; l'opération faite, preſ- ſez, comprimez pour faire ſortir le ſang

& l'humeur, lavez & injectez avec la liqueur déterfive (*n.° 18*) ; maintenez toujours la bouche ouverte, la langue hors de cette cavité, & la tête en contre bas pendant ces ablutions & ces injections, afin que l'animal n'avale rien de ce qui eft forti de l'ulcère, ou de ce qui a fervi à le nettoyer.

L'ulcère eft-il très-profond & la langue eft-elle en danger d'être coupée ou perforée ? Les unes ou les autres des opérations ci-deffus faites, la langue & la tête maintenues & fixées comme il eft dit, touchez l'ulcère au moyen d'un petit pinceau fait d'une ampe de bois & de quelques brins d'étoupes après l'avoir trempé dans l'acide vitriolique, en ayant attention de ne porter ce cauftique que fur la partie bleffée ; vous la toucherez à différentes reprifes jufqu'à ce que l'ulcère préfente une couleur blan-châtre ; injectez enfuite dans la bouche la liqueur déterfive ci-deffus, & ré-pétez cette opération toutes les trois ou quatre heures. Les ulcères qui auront été touchés par l'acide vitriolique, quelles que foient leur profondeur, leur irrégularité & leur malignité, deviendront beaux au bout de trois ou quatre ablutions d'acide vitriolique, & tout progrès d'excavation & de corrofion fera promptement arrêté à la faveur de ce remède ; nous avons vu nombre d'épizooties d'un genre bénin qui ont cédé à ce feul topique.

L'ulcère n'eft-il pas formé ! la veffie eft-elle encore dans fon entier ! hâtez-vous de prévenir fa dilacération ; faififfez & tirez la langue de l'animal comme dans le cas précédent ; armez-vous de grands cifeaux à lames étroites & bien affilées ; s'ils font courbes fur plat, vous opérerez plus fûrement & plus commodément ; dirigez chaque tranchant fur les côtés de la tumeur, faites agir les branches & amputez le corps à extraire le plus près de fa bafe qu'il eft poffible ; ce que vous ferez en appuyant fur les branches au moyen du doigt indicateur que vous placerez près du clou & en levant la main.

L'opération faite, maintenez toujours

la langue hors de la bouche ; prenez
une éponge, imbibez-la de la liqueur
(*n.° 18*), lavez & nettoyez à fond la
bouche & l'ulcère résultant de l'ampu-
tation de la tumeur ; si le fond de cet
ulcère a une teinte noire, scarifiez-le
comme dans le cas précédent : pressez
& lavez, ainsi qu'il est dit, & quelle
que soit la nature de cet ulcère, tou-
chez-le avec l'acide vitriolique.

La tumeur dure & renitente qui
couvre & dérobe un sang noir & décomposé, doit être amputée, lotionnée
& lavée de même.

L'ulcère a-t-il cavé entre les deux
branches de la mâchoire ! ouvrez &
incisez cette partie en-dessous & extérieurement suivant sa direction, à la
faveur d'un bistouri ; injectez la liqueur
détersive & touchez l'ulcère dans toute
son étendue avec l'acide vitrolique.

La tumeur affecte-t-elle le palais ?
de simples scarifications faites à temps,
& les lotions d'acide vitriolique, ont
suffi pour en arrêter les progrès. Mais
la voûte osseuse est-elle endommagée!
portez

portez sur le champ le cautère actuel sur la partie de l'os à exfolier, & touchez la partie cautérisée trois ou quatre fois par jour avec la teinture d'aloès ; injectez très-souvent dans la bouche, sur - tout dans le commencement la liqueur détersive (*n.°* *18*).

La langue est - elle généralement tuméfiée, & la tuméfaction est-elle flasque & mollasse ! scarifiez - la suivant sa longueur ; lavez, lotionnez & injectez du vinaigre, dans lequel on aura fait infuser du quinquina en poudre ; mais si elle est dure & renitente, & que l'organe soit enflammé, injectez l'infusion de quinquina dans l'eau simple.

L'extrémité de cet organe est quelquefois tuméfiée, ulcérée & d'une extrême sensibilité ; l'acide vitriolique est le topique qui a eu le plus d'efficacité pour la déterger, la consolider & lui ôter la douleur.

Les unes & les autres de ces opérations faites, il importe encore de traiter l'animal intérieurement, & nous ne

voyons rien à changer à ce qui est prescrit *(art. XXXII, XXXIII, XXXIV &*
XXXVIII), auxquels nous renvoyons ;
mais si vous soupçonnez que l'animal ait
avalé de l'humeur corrosive *(art. XIII)*,
donnez le plus tôt qu'il vous sera possible, le breuvage *(n.º 6)* : ce remède
a eu tout le succès possible, lors même
que l'animal étoit enflé.

X L I.

L charbon essentiel *(art. XIV)*, qui
se montre par de simples taches blanches
ou noires ou livides sur la surface de la
peau, ou par le soulèvement & la désu-
nion des tégumens, dont la compression
est suivie de crépitation, doit être scarifié & incisé dans tous les endroits
maculés ; on peut se contenter, lorsque
les taches seront petites, de donner à
chacune un coup de flamme, & de
frictionner avec l'essence de térébenthine, toutes les parties opérées, après
avoir coupé la laine & les soies : les
parties de la peau, desséchées & cré-
pitantes, seront scarifiées jusqu'au vif ;

preſſez les parties latérales des inciſions pour faire ſortir l'air délétère dont le tiſſu cellulaire eſt infiltré; lotionnez & imbibez les plaies & les parties adjacentes avec l'eſſence de térébenthine chauffée juſqu'à ce qu'elle ſoit tiède ; ſaupoudrez l'intérieur de ces plaies avec du quinquina , & arroſez le tout avec l'eſſence de térébenthine.

Quant au traitement intérieur, la ſaignée a toujours paru funeſte, mais le breuvage *(n.° 3)* donné matin & ſoir a été très-efficace, ainſi que les lavemens *(n.° 9)* donnés en même nombre ; & nous ajouterons que la promenade, les bouchonnemens & les fumigations de vinaigre ne ſauroient être trop multipliés.

X L I I.

LE charbon eſſentiel qui affecte la tête *(art. XV)*, doit être ſcarifié dans toute ſon étendue & ſuivant la direction qui permettra le plus de pente à l'humeur; la partie des tégumens déſorganiſée ſera amputée : ſi l'oreille ou l'œil ſont endommagés, le plus prudent ſera de les extirper, fur-tout s'il eft impoffible d'arrêter les progrès de la gangrène, par l'ufage & l'application de l'effence de térébenthine & de la poudre de quinquina, que l'on incorporera avec le goudron, dont on fera un onguent : au moyen duquel on oindra & couvrira toutes les parties, après les avoir préalablement lotionnées avec l'effence de térébenthine pure ; on faignera l'animal à la veine maxillaire ou à la temporale ou à la jugulaire ; on donnera le breuvage *(n.° 3)*, & les lavemens *(n.° 9)*, comme dans le cas précédent.

X L I I I.

LE charbon qui affecte la face interne de l'une ou de l'autre cuiffe, & que l'on nomme *trouffe-galant* dans le cheval, & *noir-cuiffe* dans le mouton *(art. XVI)*, doit être fur le champ fcarifié très-profondément fuivant la longueur du membre, en évitant néanmoins d'atteindre & de bleffer la veine faphène, &, ce qui feroit encore plus dangereux, l'artère crurale ; les nerfs cruraux ne font pas moins à respecter : quoi qu'il en soit, les scarifications étant faites, lotionnez & lavez avec la liqueur détersive (*n.° 18*) ; couvrez le tout de l'onguent (*n.° 14*), auquel vous substituerez le goudron ou *basilicum :* quant au traitement intérieur, conformez - vous à ce qui est prescrit (*art. XXXII & suivans*).

Les organes renfermés dans le sabot, sont, ainsi que nous l'avons vu, exposés comme les autres à être affectés du charbon ; la douleur est ici toujours très-vive ; la fièvre soit locale, soit générale, est constamment très - forte ; il est d'autant plus instant d'en arrêter les progrès, que la chute du sabot & la mort sont très-prochaines ; hâtez-vous de mettre le pied malade dans un pédiluve calmant (*n.° 19*) ; ouvrez sur le champ les jugulaires & faites une copieuse saignée ; retirez le pied de l'eau, enlevez la solle de corne, examinez quelle est la partie de la paroi dont les feuillets auront été endommagés par l'humeur charbonneuse, vous le reconnoîtrez à la couleur noire qu'ils présenteront; extirpez la partie du sabot qui les recouvre, & si le siége du charbon est dans le corps pyramidal, siége qu'il occupe communément dans le cheval & le mulet, procédez sur le champ à l'enlèvement de ce corps : ces opérations faites, remettez le pied dans le pédiluve, laissez saigner le pied opéré jusqu'à une foiblesse très-marquée du pouls, retirez-le & pansez-le avec la poudre de quinquina & l'essence de térébenthine, donnez ensuite pour breuvage celui formulé *(n.° 3)*; & si le sujet étoit foible, ayez recours au breuvage alexitaire *(n.° 6)*; donnez ensuite le breuvage *(n.° 4)* que vous ferez prendre alternativement avec le breuvage *(n.° 3)*; multipliez les lavemens *(n.° 9)* suivant que les circonstances l'exigeront.

Le charbon ou les tumeurs charbonneuses qui affectent les digitations palmées des oies & des canards, seront scarifiées & même amputées si le cas le requiert; on fera tremper la partie opérée dans une infusion de quinquina,

on la panfera avec des plumaceaux
d'effence de térébenthine, & on donnera cette même infufion en breuvage.

X L I V.

QUANT au charbon blanc *(art.*
XVII), l'objet effentiel eft de reconnoître le plus tôt qu'il eft poffible le
lieu qu'occupent les tumeurs ; on les
ouvre, on les fcarifie & on les cauté-
rife, & l'on fe conforme en tout pour
le traitement à ce qui a été prefcrit
(art. XXXI, XXXIII, XXXIV,
XXXVIII); mais nous avons obfervé que le remède le plus effentiel
dans ces fortes de maux étoit le breuvage *(n.° 3)*, dans lequel on forçoit la
dofe du quinquina avec addition d'un
ou deux gros de fafran de Mars & d'autant de rhubarbe en poudre ; & que
lorfque le fujet étoit très - foible, la
formule *(n.° 6)* a produit des effets qui
ne laiffoient rien à defirer ; ces effets
ayant été foutenus par le breuvage ci-
deffus donné trois ou quatre fois par
jour ; nous obferverons encore que la

faignée a toujours paru contraire dans cette efpèce de charbon, & qu'il importe beaucoup de s'en abftenir, à moins qu'il ne foit queftion de préferver. (*Voyez* ce traitement, *art. XXIX*).

Quant au charbon qui fe montre par la tuméfaction & la crépitation des mufcles abdominaux, on le fcarifiera dans toute fon étendue, fuivant la direction du ventre; les incifions auront trois ou quatre travers de doigt de longueur, elles pénètreront dans le corps de la peau & feront répandues fur toute la furface de la tuméfaction, à deux ou trois pouces les unes des autres; on enduira la partie opérée avec l'effence de térébenthine, & on y fixera des plumaceaux imbibés d'eau-de-vie camphrée & chargés de quinquina en poudre, le traitement intérieur fera le même que celui indiqué dans le cas précédent.

X L V.

Traitement du charbon symptomatique (art. XVIII).

La faignée eft rarement indiquée,

elle nous a paru conſtamment dange-
reuſe ; les ſubſtances capables de déterminer les liqueurs du centre à la
circonférence, ſont en général celles
qui ſont employées avec le plus de
ſuccès.

Enviſageons la maladie ſous deux
aſpects, avant ou après l'éruption de la
tumeur, ou des tumeurs charbonneuſes.

Dans le premier cas, toutes les vues
de l'Artiſte doivent tendre du côté qui
peut favoriſer la criſe ; plus l'irruption
ſera prompte & complète, plus tôt le
malade ſera ſoulagé & guéri ; aſſouplir
les tégumens, délayer le ſang & la
lymphe, augmenter le jeu des canaux
artériels pour donner aux fluides qu'ils
charient, une tendance vers les tégumens, ſont les indications à remplir &
auxquelles vous ſatisferez par les diaphorétiques ($n.^o$ 5) donnés en grands
lavages & à doſes réitérées, par des lavemens laxatifs ($n.^o$ 11), qui facilitant les
déjections, videront les premières voies
toujours très-remplies dans ces circonſ-
tances. Rendez encore la circulation

plus libre & plus uniforme par des bains de vapeurs, c'eft-à-dire, par des décoctions émollientes, légèrement acidulées, que l'on fera évaporer fous le ventre du malade, que l'on aura eu l'attention de tenir couvert; enfin par le bouchonnement, le broffement, la promenade, &c. *(art. XXIX)*.

Dans le fecond cas, il n'eft queftion que de confulter les forces de la Nature d'après les efforts qu'elle a faits pour porter fur les tégumens l'humeur dont elle s'eft débarraffée.

Lorfque l'éruption a été précédée du traitement ci-deffus, la crife a été le plus fouvent entière & complete; continuez ce traitement, l'expérience a prouvé conftamment fon efficacité, furtout lorfqu'il a été mis en ufage dans le principe de la maladie, tenez les animaux à la diète la plus févère, ne leur donnez pour toute nourriture que de l'eau tiède, blanchie, acidulée & nitrée *(n.° 13)*, mais ayez la précaution de donner cette boiffon avec la corne à ceux de ces animaux qui refuferoient de la prendre naturellement.

Si cependant la maladie a été négligée, si le malade n'a pas été secouru à temps, si la tumeur ou les tumeurs se font affaissées, si la proftration des forces eft manifefte (*art.* XIX), il n'eft pas un inftant à perdre ; ayez recours aux alexitaires les plus actifs (*n.*° 6), dont vous réitérerez les dofes fuivant l'exigence des cas, fauf à revenir enfuite à ceux qui font plus doux (*n.*° 5), dès que les fubftances actives auront produit l'effet defiré.

Le charbon qui a eu fon fiége dans l'arrière-bouche, a prefque toujours été mortel ; nous obferverons néanmoins que nous en avons triomphé quelquefois, fur - tout lorfque nous avons été appelés à temps & dans le principe du mal , en portant fur la partie affectée l'alkali volatil pur , à la faveur d'un plumaceau attaché au bout d'un bâton , en le faifant humer au malade & en le donnant en breuvage (*n.*° 6) comme dans le cas précédent , & en pratiquant l'opération de la bronchotomie , lorfque ce fel primordial a produit un engorgement dans toutes les parties de l'arrière-bouche, capable de s'oppofer à l'entrée & à la fortie de l'air.

A l'égard des tumeurs charbonneufes qui furviennent fur les autres parties du corps, elles doivent être cautérifées, fcarifiées, ainfi qu'il a été prefcrit pour le charbon effentiel; il en fera de même de toute efpèce de charbon que nous n'avons pu décrire, & qui néanmoins peut furvenir aux parties de la généra-tion, aux mamelles, &c. Plus l'on mettra de célérité à délivrer la Nature des unes & des autres de ces tumeurs, plus on fe conformera à fes vues & à fes efforts.

X L V I.

Traitement de la fièvre charbonneufe,
(art. XXIII).

Préfervatif pour les autres charbons.

DIMINUEZ le volume du fang par la faignée que vous réitérerez deux & même trois fois dans les animaux fan-guins & pléthoriques; ceux qui feront maigres & en mauvais état, ne fubiront cette opération qu'une fois ; elle fera profcrite dans les femelles qui alaiteront, ainfi que dans les vaches laitières.

Donnez , pour détremper les humeurs & laver le fang , pendant les trois ou quatre premiers jours , des breuvages délayans & calmans *(n.° 4)* ; réitérez ces breuvages ainfi que les lavemens émolliens *(n.° 9)* , trois , & même quatre fois par jour ; lorfque les déjections feront faciles, que les urines feront copieufes , rendez ces breuvages purgatifs *(n.° 8)* ; continuez - en l'ufage jufqu'à ce que l'évacuation foit décidée ; fubftituez à ce purgatif des infufions légères de plantes aromatiques & ftomachiques ; promenez les animaux pour faciliter l'évacuation defirée , & lorfqu'elle fera ceffée , paffez à froid un féton fous chaque mufcle pectoral dans l'endroit répondant à la partie moyenne du *fternum*. Cette opération faite, donnez , pour faciliter la fuppuration & pour purifier le fang , la formule *(n.° 3)*, tous les matins feulement , l'animal étant à jeun, & continuez-en l'ufage jufqu'à ce que la fuppuration foit bien établie ; remettez enfuite peu-à-peu les animaux à la nourriture & au travail ordinaires, mais avec l'attention de faire nettoyer & graiffer les fétons tous les jours une fois, & de les maintenir en place pendant tout le temps de l'épizootie. Le moment de leur extraction eft celui d'un beau temps foutenu depuis quelques jours ; mais fi l'atmofphère eft trop raréfiée ou trop condenfée, fi l'air eft trop froid ou trop chaud ou chargé d'exhalaifons putrides, &c. purgez les animaux afin d'éviter tout accident. (*Voyez Soins & Régimes, art. XXIX*). Il arrive quelquefois que ce traitement eft fuivi, furtout lorfque les cautères ont établi la fuppuration, de l'éruption d'une ou de plufieurs tumeurs ; cette éruption n'a jamais été nuifible, lorfqu'on a mis en ufage le traitement (*art. XVIII*). *Voyez ce traitement.* Cette éruption conftituant alors un vrai charbon fymptomatique.

Il arrive encore que la cure des uns & des autres de ces charbons, &

particulièrement du dernier, est suivie d'efflorescences sur toute la surface du corps, ou seulement sur quelques parties, telles que la tête, l'encolure & l'épine. L'existence de ces efflorescences s'annonce par le soulèvement du poil, la dureté & la saillie de la peau: ces petites tumeurs s'ouvrent plus ou moins promptement, l'humeur qu'elles fournissent est épaisse, elle se dessèche aussitôt après sa sortie, elle se montre à l'extérieur, sous la forme de poussière & d'écailles; cette éruption prurigineuse est une crise très-salutaire qu'on doit favoriser par des boissons légèrement diaphorétiques, telles que l'infusion de fleurs de sureau aiguisée d'un peu de sel ammoniac, les vapeurs d'eau chaude, les bouchonnemens, les couvertures, la promenade, la bonne nourriture; & l'on doit éviter avec le plus grand soin, tout ce qui pourroit refroidir l'animal & arrêter en lui l'insensible transpiration.

X L V I I.

Observations 1.er Août 1780.

Un cheval âgé de sept ans, paroît tout - à - coup & sans cause sensible, chanceler du train de derrière, & l'on y observe une foiblesse marquée ; on donne à l'animal du repos, dans l'espérance qu'il suffira à son rétablissement, parce qu'on attribuoit à la fatigue l'état où on le voyoit ; mais peu de temps après la croupe tombe paralysée , le flanc est agité , troussé, spasmodiquement contracté, la respiration devient laborieuse ; il se déclare une toux sèche, la peau se tend , devient dure & crépitante sur la croupe, le pouls se montre dur , petit & accéleré, la conjonctive rouge , la bouche sèche & l'air expiré infect ; l'animal meurt le lendemain.

Les intestins étoient très-enflammés, les vaisseaux gorgés d'un sang noir & dissous, les alimens renfermés dans les entrailles étoient secs & brûlés, les muscles intercostaux & lombaires étoient entièrement

entièrement gangrénés & infiltrés d'une humeur jaunâtre; cette infiltration s'étendoit dans les muscles de la cuisse, lesquels étoient aussi affectés de gangrène; le foie étoit farci de concrétions; on a trouvé dans les intestins grêles, cent quarante-huit strongles très-vivans.

Deuxième Observation.

Un cheval de petite taille, entier, propre à la charrette, très-âgé, d'une constitution renforcée, très-bien constitué & très-membré, est affecté tout-à-coup, le 9 juin 1781, d'une tumeur à la partie antérieure de l'articulation de l'épaule; cette tumeur étoit chaude & douloureuse, de la grosseur, de la figure & de la forme d'un chapeau; le Maréchal tire du sang au malade, & la tumeur rentre peu après cette évacuation; le battement de flanc lui survient bientôt, la respiration est laborieuse, le pouls petit & lent, la bouche très-chaude, le membre constamment hors du fourreau; l'animal urine fréquemment, mais peu à la fois, il fait de grands efforts pour évacuer une petite quantité d'urine, il est inquiet, il se couche, il se relève sans cesse comme celui qui a des tranchées; il meurt le 11; trois jours exclusivement depuis l'apparition de la tumeur.

L'ouverture en a été faite sur le champ. La substance du cerveau étoit beaucoup plus molle, moins consistante que dans l'état naturel, & le lobe droit sensiblement plus volumineux que le gauche; les grands ventricules renfermoient une grande quantité de sérosité, & notamment le ventricule droit. Le *plexus choroïde* étoit gorgé, la glande pinéale dure & squirreuse, & les méninges pleines de sang; la membrane pituitaire a paru d'un rouge pâle, blafarde & chargée de beaucoup de mucosité, grumeleuse dans plusieurs endroits: la surface de la bouche, de l'arrière-bouche étoit également infiltrée d'un sang noir; ces parties paroissoient en quelque sorte gangrénées; il en étoit de même de la membrane intérieure de la trachée, & les glandes tyroïdes, parotides, tonsilles,

maxillaires, labiales, fublinguales, &c.
étoient macérées & comme fuppurées.

Les poumons étoient dans le plus
grand défordre, le lobe droit étoit beaucoup plus engorgé que le gauche, &
l'un & l'autre étoient rouges & livides ;
les gros vaiffeaux, ainfi que l'azygos,
regorgeoient d'un fang noir, la membrane de l'intérieur des bronches étoit
gangrénée, tout le poumon étoit par-
femé de tubercules fquirreux : enfin, il
y avoit un épanchement d'eau rouffâtre
dans la poitrine.

L'eftomac rétréci & racorni contenoit
une quantité affez confidérable de ces
vers courts, nommés *œftres*, & très-peu
d'alimens qui exhaloient une odeur forte
& très-aigre. Les inteftins livides & gangrénés étoient pleins de matière fécale,
folide & defféchée ; le *rectum* près de
l'*anus*, étoit étranglé, & fes membranes
froncées, crifpées & racornies ; les reins
étoient en quelque façon décompofés,
fans confiftance, flafques & d'une groffeur énorme, les uretères très-petits &
très-refferrés ; les uns & les autres de ces

viscères avoient leur tissu cellaire très-infiltré, au point que le péritoine faisoit dans cet endroit des saillies très-considérables.

Ces infiltrations étoient formées par un sang noir épanché, & se montroient comme des tumeurs charbonneuses. Le tissu folliculeux du corps panpiniforme & du cordon spermatique, étoit dans le même cas, & ces parties gonflées avoient un volume énorme ; les vésicules séminales très-volumineuses étoient remplies d'un sperme très-épais : les canaux déférens ne contenoient qu'une matière laiteuse sans véhicule, le foie participoit également de l'état vicié des autres viscères, & n'offroit qu'un corps dur, absolument désorganisé, & la bile qu'on pouvoit recueillir étoit dénaturée au point qu'on la reconnoissoit à peine ; les membranes extérieures de l'artère mésentérique étoient infiltrées, & les intérieures étoient racornies, & comme cartilagineuses : enfin, tout le sang contenu dans les vaisseaux, étoit noir & très-épais.

Troisième Observation.

UNE Vache du couvent de la Roquette est affectée en Mai 1781, d'une tumeur à l'encolure, qui disparoît le lendemain ; aussitôt la bête est triste, dégoûtée ; elle tombe dans l'anxiété : nous appliquons sur le champ les vésicatoires sur le lieu où s'étoit montrée la tumeur ; on donne les alexitaires pour en favoriser l'action : la tumeur reparoît le lendemain de leur application ; on continue les alexitaires matin & soir, & pendant le jour on donne pour boisson une infusion légère de fleurs de sureau dans une foible décoction de quinquina, aiguisée par le camphre dissous dans l'eau de Rabel : on soumet du reste l'animal à une diète sévère.

Les autres vaches sont saignées, mises au régime & à l'usage de ce dernier breuvage & de quelques lavemens d'eau vinaigrée ; on fait aérer & nettoyer l'étable ; on la parfume, on abreuve les animaux avec de l'eau dans laquelle on met du sel de nitre & du vinaigre : aucune de ces vaches n'a éprouvé d'accidens , & la première malade a été également fauvée.

Quatrième Obſervation.

Sur la fin de l'été 1780 , le ſieur Lauzeral , Élève des Écoles , a traité dans les paroiſſes de Puicolet & de Montmiral , une maladie charbonneuſe qui régnoit ſur les chevaux , les bœufs , les mulets & les ânes.

Cet Élève obſerve que cette épizootie eſt comme enzootique dans ces deux paroiſſes , où elle ſe montre toutes les années à la même époque ; elle cauſe toujours des pertes conſidérables , & elle étoit beaucoup plus meurtrière cette année-là que les autres.

Cent quatre-vingt-ſeize bêtes avoient ſuccombé , lorſque cet Élève fut appelé pour en arrêter les progrès ; à peine les propriétaires reconnoiſſoient leurs animaux malades , qu'ils les voyoient périr preſque au même inſtant.

Les cauſes de cette maladie ont paru être la chaleur exceſſive de l'été & la féchereffe des pâturages, dont les plantes font comme torréfiées par les rayons du foleil ; elles avoient été fubmergées cette année, en forte qu'outre leur exficcation exceffive , elles étoient vafées & couvertes d'infectes deffechés : cet Artifte ajoute que les animaux n'avoient pour boiffon que l'eau de marre , ou celle des grands foffés que les fermiers , éloignés des marres , creufent près de leur métairie, pour recueillir l'eau de pluie , avec laquelle ils abreuvent leurs animaux ; ces eaux flagnantes , épaiffies enfuite des évaporations continuelles , étoient de plus infectées ; celles de marre par le chanvre qu'on y fait rouir , & celle des foffés par l'eau corrompue qui s'écoule des fumiers, ainfi que par les immondices de toute efpèce qui s'y rendent.

Les fymptômes étoient un friffon plus ou moins long , à la fuite duquel paroiffoit une tumeur charbonneufe ; fon fiége le plus ordinaire étoit une glande lymphatique, elle étoit d'abord du volume d'un œuf de poule , elle parvenoit enfuite à la groffeur d'une tête humaine ;

lorsqu'elle affectoit les glandes inguinales, elle se propageoit bientôt sous
le ventre & le long de l'extrémité affectée ; si elle avoit pour siége les glandes
axillaires, elle se prolongeoit le long de
l'encolure & gagnoit la ganache ; l'humeur contenue dans cette tumeur étoit
séreuse, roussâtre & si corrosive, qu'elle
rongeoit les parties sur lesquelles elle se
répandoit ; le tissu cellulaire, les muscles,
les vaisseaux & la peau où cette humeur
s'infiltroit, étoient sur le champ gangrénés
& sphacelés ; le pouls s'élevoit à mesure
que cette tumeur faisoit des progrès ; il
étoit ondulent & très-accéléré, & l'Artiste a compté jusqu'à quatre-vingts pulsations par minute ; la chaleur de la
bouche, du *rectum* & de toute l'habitude du corps étoit fort considérable,
la salive fort épaisse ; cependant malgré
tous ces symptômes alarmans, les animaux mangeoient & ruminoient ; circonstance qui empêchoit que le culti-
vateur ne les crût malades, néanmoins
la rumination étoit plus lente & se faisoit
à de plus longs intervalles que dans l'état

de ſanté ; elle étoit peut-être plutôt en eux, un reſte d'habitude qu'une fonction deſirée & appétée par la Nature ; les yeux étoient hagards, très-enflammés & larmoyans, le poil terne & hériſſé, la peau-ſèche & adhérente aux côtes ; il y avoit crépitation ſur tout le long de l'épine, les urines étoient limpides & aſſez copieuſes, la membrane pituitaire étoit très-enflammée, le muffle ſec ; les animaux reſtoient conſtamment debout, ils ne ſe couchoient que pour mourir. La progreſſion de ces ſymptômes ſe faiſoit dans l'eſpace de ſix à douze heures ; alors la ſcène changeoit de face, plus de rumination, les alimens qu'on leur préſentoit étoient ſaiſis par eux avec une ſorte de fureur, ils étoient gardés dans la bouche & n'étoient point avalés, les tuméfactions s'effaçoient, les forces s'anéantiſſoient, le pouls étoit inſenſible ; à cette foibleſſe ſuccédoient les convulſions, le globe pirouettoit ſur ſon axe & ſortoit preſque de l'orbite, le tremblement ſuccédoit à ces mouvemens déſordonnés, l'animal mugiſſoit, il

s'abattoit & périssoit quatre à cinq minutes après.

L'Élève a observé dans les différentes
ouvertures qu'il a faites, les estomacs
plus ou moins remplis de fourrages
desséchés, leurs membranes internes
sphacelées, le sang contenu dans les
vaisseaux, noir & coagulé, les viscères
qui avoisinent les tumeurs, décomposés,
& les parties occupées par ces mêmes
tumeurs, entièrement sphacelées.

Le traitement a été le même que celui
prescrit pour le charbon symptomatique,
& au moyen duquel l'Élève a guéri dans
ces deux Communautés cent trente-deux
animaux, & préservé cent quarante.

Cinquième Observation.

LE sieur Habert, Artiste vétérinaire,
fut requis dans le même temps pour
arrêter les progrès d'un charbon essentiel qui affectoit les bêtes à cornes des
paroisses de Bussy, de Cornue & de
Crosse en Berry ; les progrès de cette
épizootie étoient on ne peut pas plus
prompts : la tumeur d'abord dure &

infenfible, fe montroit ou aux flancs ou à la tubérofité de la mâchoire poftérieure & fréquemment au grand angle de l'œil ; à fon apparition elle étoit de la groffeur d'une noix, fon accroiffement étoit fenfible à la vue, en forte qu'au bout de douze à vingt - quatre heures elle étoit énorme : aux yeux du vulgaire elle étoit le feul fymptôme maladif qui exiftât ; en effet, les animaux paroiffoient gais, buvoient & mangeoient comme précédemment ; néanmoins le regard plus pénétrant de l'Artifte diftinguoit les yeux plus ardens, fouvent larmoyans, la chaleur de la bouche exceffive, le pouls dur & accéléré, la chaleur extérieure du corps plus forte qu'à l'ordinaire, & les excrémens plus defféchés. Dès que la tumeur faifoit des progrès, on apercevoit des foubrefauts dans les tendons & même dans les mufcles ; les oreilles & la peau devenoient froides & la mort terminoit cet état. La rapidité de la marche de cette maladie a déterminé le fieur Habert à extirper la tumeur dès qu'elle paroiffoit & à porter le cautère actuel dans l'ulcère qui en résultoit ; le pansement étoit une friction d'essence de térébenthine & un large plumaceau chargé d'onguent vésicatoire, ce pansement étoit réitéré plusieurs fois par jour, dans l'intention d'entretenir l'inflammation & d'établir la suppuration; il étoit suivi de l'administration d'un breuvage alexitaire.

Douze bœufs étoient morts avant l'arrivée de cet Élève ; deux sont morts malgré ses soins ; il en a guéri ou préservé deux cents onze. A l'ouverture des cadavres de ceux qui périrent sous ses yeux, il observa un sang noir & épais qui gorgeoit tous les vaisseaux sanguins, des inflammations gangréneuses dans les intestins grêles, remplis de sang ; la caillette étoit aussi très-enflammée & comme gangrénée ; le foie étoit sec & cassant, la rate décomposée & tuméfiée par le sang, les reins flasques & très-volumineux, les poumons couverts de taches gangréneuses & d'hydatides ; le cœur flasque & toutes les parties sur lesquelles s'étoit établi le charbon, étoient infiltrées d'une humeur huileuse & jaunâtre.

Sixième Observation.

LE charbon intérieur s'est déclaré sur les bœufs des paroisses de Sichaux, Poiseux, la Blouse & autres des provinces de Berri & Nivernois.

Le sieur Habert a encore été chargé de traiter cette maladie.

Les paysans n'étoient frappés d'aucun symptôme maladif, & ne pouvoient en aucune manière juger que leurs animaux fussent malades ; ils regardoient leur perte comme l'effet d'un coup inattendu qui détruit subitement les sources de la vie ; aussi disoient-ils qu'ils périssoient de mort subite. Par un examen plus attentif, l'Élève a reconnu les signes suivans : les bœufs avoient de la peine à lever la tête ; ils éprouvoient une peine plus grande encore pour la baisser au-dessous de la direction horizontale : ils mâchoient & broyoient négligemment l'herbe qu'ils arrachoient de la prairie, quelques-uns après en avoir rempli leur bouche, ne la mâchoient pas ; il a remarqué de la tristesse, un léger larmoiement, le poil hérissé, de la chaleur dans la bouche, celles des cornes & des oreilles très-supérieure à celle de l'état naturel, une excrétion d'urine plus abondante & plus crûe que dans l'état de santé, & une sorte de constipation plus ou moins marquée; tous ces symptômes se succédoient avec une extrême rapidité, à peine étoient-ils sensibles que les animaux périssoient; les plus gras, les plus forts & les plus jeunes étoient les premières victimes de ce fléau.

Après des recherches attentives, faites sur les causes d'une maladie aussi terrible, cet Artiste a cru les trouver dans les chaleurs excessives, capables de développer les maux les plus terribles dans les animaux les plus sains.

Trois vaches seulement ont éprouvé un engorgement au poitrail près de la naissance de l'encolure; une d'elles, qui a été traitée à temps, est réchappée; elle a dû son salut à des scarifications très-profondes dans la tumeur charbonneuse qui étoit déjà gangrénée, au cautère actuel, aux véficatoires & aux alexitaires les plus énergiques.

Sept de ces animaux qui ont donné les fymptômes décrits, ont été fauvés par des faignées copieufes, la diète la plus févère, les breuvages tempérans, dans lefquels entroit le camphre, l'eau de Rabel & la crême de tartre, ainfi que par des lavemens émolliens.

Le traitement prophilactique a été le même que celui décrit pour le charbon intérieur; il a été adminiftré à cent foixante qui ont été parfaitement préfervés. Les poumons des animaux enlevés par cette maladie, étoient très-enflammés; les vifcères du bas-ventre gangrénés; la rate étoit fpécialement d'un volume énorme, fans confiftance & comme pourrie; les vaiffeaux veineux pleins & gorgés d'un fang noir & coagulé.

Septième Obfervation.

LE charbon blanc s'eft déclaré en Septembre 1780, fur les vaches de la paroiffe de Maubert-Fontaine en Champagne; le fieur Mayeux, Élève, y a été envoyé.

La maladie s'annonçoit par le froid des cornes, des oreilles & de toute la surface de la peau ; la bouche étoit pleine de bave, elle fluoit copieufement, l'animal ne fe lèchoit plus, il trembloit, le dégoût étoit général, la rumination étoit ceffée ; les bêtes périffoient ainfi dans l'efpace de trente-fix à foixante heures.

L'ouverture a fait montre d'épanchement lymphatique & fanguinolent fous la peau & entre les mufcles, tous les vifcères étoient pourris, gangrénés, & le cadavre exhaloit une odeur fi forte, fi pénétrante & fi délétère, qu'il étoit impoffible d'y réfifter.

Le traitement préfervatif a été le même que celui prefcrit *(art. XLVI)*, avec addition de quinquina & de camphre, le tout dans la décoction de fumeterre ; ce traitement a arrêté les progrès de la maladie.

Huitième Obfervation.

LE fieur Flaubert l'aîné, établi à Nogent-fur-Seine, a été appelé pour arrêter les progrès du charbon qui affectoit

affectoit les chevaux de Villeguy en Champagne.

La partie que la tumeur charbonneuſe affectoit de préférence, étoit la tête; en deux jours de temps cette partie étoit très-enflée & d'un volume énorme; tous ceux qui étoient ainſi affectés perdoient la vue; les yeux ſe décompoſoient dans l'orbite, & la gangrène faiſoit des progrès ſi rapides, qu'on étoit obligé d'extirper le globe, d'employer le feu & les anti-gangréneux les plus puiſſans pour en arrêter les progrès; tous les animaux pour leſquels l'Élève a été appelé à temps, n'ont pas eu cet inconvénient; les amples ſaignées, le quinquina dans les breuvages tempérans, les lavemens irritans, les véſicatoires aux larmiers, ont été des moyens employés avec ſuccès; ils ont conſervé les yeux & la vie à plus de cinquante chevaux.

Neuvième Obſervation.

LE ſieur Marillet s'eſt tranſporté à la métairie appelée *Ribaudon*, appartenante aux Religieux de Saint-Michel, dont les bœufs étoient affectés du charbon. Trois venoient de mourir subitement dans les pâturages, un quatrième étoit couché & sur le point d'expirer ; un flux d'humeur fétide & sanguinolente avoit lieu par les naseaux ; la respiration étoit très - laborieuse ; une tumeur charbonneuse très-considérable occupoit la partie latérale gauche de l'encolure près du poitrail ; cette tumeur, par sa pression sur la trachée artère, étoit la cause de la difficulté de la respiration. L'Élève ne perd pas de temps, il s'arme d'un bistouri, il extirpe tout ce qui étoit gangréné, il bassine & lotionne l'ulcère avec l'essence de térébenthine, & donne dans l'instant même un breuvage alexitaire ; mais ce breuvage n'est pas plutôt versé dans la bouche du malade, que l'Artiste en voit sortir une partie par la plaie, de-là il juge que l'œsophage a été ouvert ; il examine cette plaie & il reconnoît effectivement le coup de bistouri qui l'a entamé ; accident d'autant plus difficile à éviter, que toutes les parties étoient noires & charbonnées L'Élève néanmoins ne perd pas courage, il injecte le reste du breuvage dans la panse à la faveur de cette plaie, il la ferme ensuite au moyen de quelques points de suture entre-coupés, il couvre le tout d'un mélange de poudre de quinquina, d'essence de térébenthine, de plumaceaux & d'un bandage ; il continue l'usage des breuvages alexitaires, qui ne sortant plus par la plaie, se déglutinent dans la panse, ainsi que des analeptiques, unis aux aromatiques & aux cordiaux ; il continue le pansement ci-dessus, recourt ensuite aux digestifs animés par l'eau-de-vie & le quinquina donné intérieurement avec le camphre & l'eau de Rabel, & parvient ainsi à cicatriser la plaie de l'œsophage, celle de l'ulcère vaste de l'encolure, & à guérir l'animal.

L'ouverture des trois autres bœufs morts, lui a montré dans le premier, les poumons & la trachée artère gangrénés ; dans le second, une tumeur charbonneuse dans le larynx & le pharynx ; dans le troisième enfin, une infinité de taches bleuâtres dans tout le tiſſu glanduleux, & le lobe gauche du poumon entièrement ſphacelé.

L'Élève fait rentrer à l'étable tous les autres bœufs au nombre de quatre-vingts, il les viſite les uns après les autres; trente-trois de ces animaux avoient la peau noire, sèche & adhérente dans toute ſon étendue ; l'intérieur du *rectum* étoit d'une couleur noire, & les excrémens, ainſi que les urines, étoient d'une odeur infecte. Ces trente-trois animaux furent ſéparés des autres ; il leur plaça à chacun deux ſétons, un à chaque feſſe ; il ordonna que ces ſétons fuſſent oints tous les jours d'onguent véſicatoire ; l'eau blanche nitrée fut la ſeule nourriture qu'il leur permit, il leur fit donner à chacun deux lavemens émolliens, dans leſquels on ajoutoit le vinaigre de vin : on adminiſtra matin & ſoir un breuvage légèrement alexitaire avec addition de quinquina & de camphre.

Les quarante-ſept bœufs reſtans & qui n'avoient encore aucun ſymptôme maladif, furent ſaignés deux fois pendant l'eſpace de huit jours, mis au régime

(*XXIX*) & au traitement préfervatif (*XLVI*), ces quatre - vingts bœufs furent fauvés & la maladie fut arrêtée.

Dixième Obfervation.

PENDANT le mois de Septembre & celui d'Octobre 1780, il s'eft déclaré un charbon fur la langue des chevaux & des bœufs de Fontainebleau, & le fieur Richard a été chargé d'arrêter les progrès de cette épizootie : le charbon s'annonçoit fur le lieu indiqué par des puftules noires qui dégénéroient fur le champ en des chancres très-profonds : quelques-uns étoient fi confidérables, que la langue étoit, dans plufieurs animaux, fur le point d'être coupée ; les uns avoient des bords blanchâtres, très-durs, c'étoient les plus anciens & les plus rebelles, les bords des autres étoient noirs, & dans l'un & l'autre cas, la langue étoit dure & gorgée dans toute fon étendue.

Les animaux étoient dégoûtés, triftes & avoient la peau attachée aux os ; ils dépériffoient à vue d'œil, & l'atrophie & la mort terminoient la maladie.

Traitement local.

On pratiquoit des fcarifications & des lotions d'acide vitriolique cinq à fix fois dans le jour, on avoit attention qu'il ne s'étendît pas au - delà de la partie malade qui fe cicatrifoit & blanchiffoit très-promptement. Demi - heure après que les ulcères étoient lotionnés, l'animal defiroit manger, il étoit regardé comme guéri, mais on crut devoir le tenir au régime & lui donner des breuvages tempérans dans lefquels on ajoutoit les acides & le camphre, on lui donnoit du fon mouillé avec un peu de fel, & on remit infenfiblement les animaux à la nourriture ordinaire; dix - huit chevaux & quinze vaches ont été traités & guéris, la place qu'avoient occupée les ulcères eft reftée creufe & déprimée.

Onzième Obfervation.

Les Élèves de l'École royale vétérinaire de Lyon ont été employés pendant les mois d'Avril, Mai, Juin & Juillet de l'année 1781, pour arrêter les progrès que faifoit une maladie charbonneufe fur les chevaux, ânes, mulets & bêtes à cornes, dans le Vélay, le Forès, le Lyonnois & le Dauphiné ; cette épizootie s'annonçoit par un ulcère chancreux à la bouche, quelquefois par une tumeur dure & rénitente, & rarement par une veffie.

« Les ulcères, dit M. Bredin, Di- recteur de cette École, avoient des « bords plus ou moins épais & plus ou « moins calleux, ils étoient quelquefois « rouges & enflammés, ainfi que le fond « de l'ulcère ; les Élèves, dans le nom- « bre confidérable d'animaux qu'ils ont « traités, n'ont jamais vu rendre par ces « ulcères, une fuppuration louable, l'hu- « meur étoit toujours plus ou moins « diffoute, féreufe ou âcre. »

Ils ont de plus obfervé que plus le mal étoit voifin du frein de la langue, plus l'ulcère faifoit de progrès, & que cette partie de la bouche cédoit à l'action corrofive de l'humeur plus facilement

G iv

que les autres : ils ont trouvé dans quelques - uns le canal si maltraité, que
l'humeur purulente s'étoit fait jour sous
la ganache ; ils ont de plus observé que
les chancres situés sur la surface de la
langue étoient ordinairement très-creux,
& que cette profondeur menaçoit souvent cet organe d'une section totale ;
ces ulcères au surplus étoient plus diffi-
ciles à guérir que les autres.

M. Bredin observe que l'invasion de
cette maladie , relativement aux différentes provinces qu'elle a parcourues,
avoit une marche réglée & successive ;
elle s'est développée pendant le mois
d'Avril dans le Vélay, pendant celui de
Mai dans le Forès, & ce n'est qu'en Juin
qu'elle a ravagé le Lyonnois, elle s'est
même étendue jusqu'aux portes de Lyon,
& les animaux des faubourgs de cette
ville en ont plus ou moins souffert; c'est
à cette époque que la maladie a franchi
le Rhône & qu'elle s'est répandue dans
le Dauphiné où elle s'est terminée de ce
côté, tandis qu'elle s'est propagée, en
remontant les bords de la Saône, dans

la Bresse, le Beaujolois & une partie du Bugey qui l'avoisine.

Tous les animaux nourris au sec & renfermé dans les étables & écuries, en ont été exempts; ceux qui paissoient en ont seuls été attaqués, ce qui a porté M. Bredin à croire que la cause de cette maladie devoit être attribuée à des brouillards ou à des rosées qui infectoient les prairies sur lesquelles ces météores étoient déposés.

Le traitement a porté sur l'extirpation des boutons, sur celle des bords épais des ulcères & sur les scarifications de ces mêmes ulcères; sur des ablutions d'eau vinaigrée & saturée de sel commun; les ulcères ont été spécialement touchés & lotionnés avec partie égale d'eau-de-vie camphrée & de teinture d'aloès; lorsque le mal étoit plus grave, on ajoutoit à ce mélange le quinquina & le sel ammoniac; on portoit cette liqueur, par le moyen d'une seringue, dans les ulcères sinueux du canal; ces pansemens avoient lieu cinq à six fois le jour, sur-tout lorsque les ulcères étoient de conséquence.

Les Élèves ont de plus prescrit le régime convenable, le fourrage sec a été supprimé ; l'eau blanche & le son frisé étoient la seule nourriture pour ceux chez lesquels l'ulcère avoit fait des progrès ; & lorsque le dégoût, la tristesse & la fièvre étoient joints, l'eau blanche seule suffisoit ; c'est dans ce cas qu'ils ont employé les alexitaires en breuvage, & lorsque le mal étoit moins grave, ils se contentoient de donner des décoctions aromatiques, dans lesquelles entroit le quinquina.

Les billots de camphre, de poudre de quinquina, de sel commun & de miel, étoient placés dans la bouche des malades pendant la nuit & les intervalles des repas & des pansemens ; lorsque la bouche étoit rouge & enflammée, ils injectoient souvent dans cette cavité, des décoctions d'orge animées d'oximel simple.

Ils ont cru devoir aussi soumettre à un traitement prophilactique ceux des animaux qui n'avoient pas encore la langue affectée ; ils les ont saignés à la jugulaire, mis au régime & abreuvés d'eau acidulée & nitrée. La propreté des étables a été un de leurs premiers soins ; tous les animaux soumis à ce traitement, ainsi que ceux des malades qui étoient convalescens, alloient aux champs le matin, depuis huit heures jusqu'à neuf heures ; & le soir, depuis cinq jusqu'à six : telle est la méthode qu'ils ont suivie, & à la faveur de laquelle ils ont guéri, sans y comprendre les préservés, trois mille cent sept animaux.

Les Élèves qui ont traité cette maladie, sont : le sieur Micart, de la province du Dauphiné, le sieur Frappas de la même province, le sieur Leroy *idem*, le sieur Perrier du Languedoc, le sieur Dumas, du Lyonnois ; les sieurs Duriveau, Peyre, Forget, Toussaint, &c.

Douzième Observation.

Nous placerons ici l'histoire de l'épizootie qui a ravagé la Beauce en 1757. Son traitement ne peut qu'être instructif, & faire honneur à l'Élève, aux soins duquel M. l'Intendant en avoit confié la conduite.

Cette épizootie étoit un charbon qui attaquoit également les chevaux & les bêtes à cornes.

Le sieur Barrier a été envoyé sur les lieux dans le courant de Juillet : alors les paroisses d'Enderville, du Gault, de Blancheville, de Frenay-le-comte & d'Épautrole, étoient déjà embrasées.

La maladie s'annonçoit par une petite tumeur qui paroissoit indistinctement sur toutes les parties du corps ; elle acquéroit en très-peu de temps un volume si énorme dans les chevaux, que tous ceux qui en ont été attaqués en périssoient, malgré les tentatives de plusieurs Maréchaux.

Dans les uns, on n'apercevoit aucune tumeur, ils mouroient même sans donner aucun symptôme maladif ; d'autres succomboient après avoir éprouvé des convulsions & avoir poussé des cris plus ou moins perçans ; plusieurs enfin mouroient subitement.

Ouverture d'une Vache.

Le cerveau & ses membranes étoient

fortement enflammés ; il en a été de même de la membrane pituitaire & de celle qui tapissoit intérieurement la bouche ; les poumons étoient semés de taches gangréneuses ; on a observé ces mêmes taches sur la surface des ventricules ; la membrane interne de ces viscères étoit sphacelée & détachée ; les alimens mal digérés exhaloient une odeur insupportable ; ceux contenus dans le feuillet étoient extrêmement durs & entièrement privés d'humidité ; le mésentère étoit noir, les petits intestins d'un rouge-brun, la liqueur qu'ils contenoient étoit noirâtre, teignoit les mains, affectoit le tranchant du scalpel, & exhaloit une odeur infecte ; la graisse étoit dissoute, jaune & dans un état de putréfaction.

Ouverture d'un Cheval.

LE cerveau étoit peu enflammé ; le péricarde renfermoit une liqueur très-abondante qui formoit une espèce d'hydropisie ; le cœur paroissoit avoir très-souffert de ce liquide, il étoit de plus échimofé & flétri ; les poumons ont paru très-enflammés, plufieurs taches gangréneufes fe font montrées fur le diaphragme & fur les inteftins grêles, ceux-ci étoient gonflés & diftendus par l'air qu'ils renfermoient ; les gros inteftins étoient vides & flafques, le foie gorgé, les canaux biliaires contenoient une bile brune, épaiffe & plus abondante qu'à l'ordinaire ; la graiffe qui abonde dans cette cavité, étoit à peu de chofe près dans le même état que celle du bas-ventre de la vache qui fait le fujet de l'ouverture précédente.

L'Élève a fait plufieurs ouvertures d'animaux expirans, & les mêmes défordres l'ont conftamment frappé.

La chaleur brûlante de l'atmofphère, la féchereffe conftante, la torréfaction des fourrages, la rouille de ceux récoltés dans les bas prés, les eaux de mare & putrides, les travaux plus pénibles en raifon de la dureté du fol que la charrue ne pouvoit ouvrir ; telles font les caufes qui ont altéré les fources de la vie & de la fanté, & qui ont porté dans le fang une acrimonie & une difpofition à la décompofition, capables de caufer les plus grands defordres ; auffi n'eft-il pas étonnant que l'avortement ait précédé le développement d'une maladie auffi cruelle que celle qui a ravagé cette province.

Traitement prophilactique.

L'EAU la plus pure acidulée par le vinaigre de vin, propreté & parfums des étables, fétons au poitrail, breuvages délayans & anti-putrides.

Traitement curatif.

SCARIFICATIONS jufqu'au - delà du fphacèle, plumaceaux imbibés d'alkali volatil-fluor dans les fcarifications.

Breuvage alexitaire, dans lequel entroient le quinquina & l'alkali volatil-fluor.

L'adminiftration de ce breuvage étoit fuivie des délayans animés de quinquina ; on donnoit de plus plufieurs lavemens anti-putrides.

Le traitement de ceux fur le corps defquels il ne venoit point de tumeurs, a confiflé dans un cautère de racines d'ellébore placé au poitrail, dans les mêmes breuvages que ci-deffus, avec cette différence que la dofe des délayans & des nitreux étoit confidérablement augmentée.

Un cheval dangereufement malade, puifque la tumeur qui avoit paru étoit rentrée, a été traité avec fuccès, en introduifant dans le lieu où avoit paru la tumeur, une racine d'ellébore qui avoit macéré auparavant dans l'efprit-de-vin camphré, & en lui donnant fur le champ le quinquina, le camphre, l'alkali volatil ; au bout d'une heure & demie, la tumeur reparut & l'animal fut fauvé.

Au moyen de ce traitement le fieur Barriere n'a perdu que trois malades, il en a fauvé cent quarante.

COPIE de la Lettre de M. Turgot, Contrôleur général, à M. de Cypière, Intendant de la province, le 11 Août 1776.

« J'AI reçu, Monfieur, la lettre que
» vous

vous m'avez écrite le 21 du mois «
dernier, au sujet de la maladie qui s'est «
déclarée dans l'élection de Chartres, «
sur les chevaux & les vaches; je vois «
par la lettre de votre Subdélégué de «
cette ville, dont vous m'avez envoyé «
copie, que cette maladie ne s'est point «
étendue, & qu'elle est entièrement «
détruite à en juger d'après le certificat «
du sieur Barrier, Élève de l'École «
royale vétérinaire, qui étoit également «
joint à votre lettre, «

Cette maladie est celle qu'on con- «
noît vulgairement sous le nom de «
Charbon; elle est essentiellement très- «
contagieuse & passe facilement d'une «
espèce dans une autre; elle est bien «
différente en cela de l'épizootie des «
provinces méridionales, qui borne ses «
ravages à l'espèce qu'elle attaque; le «
charbon est même contagieux pour les «
hommes: on ne doit approcher qu'avec «
précaution des bestiaux infectés. «

Comme il est essentiel de prévenir «
les suites fâcheuses que pourroit avoir «
cette maladie, quoiqu'elle paroisse «

» éteinte, la désinfection des étables est
» d'une nécessité absolue & doit être
» faite avec le plus grand soin : ainsi je
» vous prie de ne pas différer à faire
» donner des ordres pour exécuter cette
» opération importante. Je vous envoie
» à cet effet plusieurs exemplaires de
» l'Instruction qui indique les procédés
» nécessaires, & qu'il faudra suivre exac-
» tement. La méthode qu'on dit avoir
» employée avec succès pour la guéri-
» son de cette maladie étant très-bonne
» à connoître, je desirerois en avoir un
» détail exact & bien circonstancié ; vous
» voudrez bien charger l'Elève de l'É-
» cole vétérinaire qui en a fait usage, de
» vous remettre un Mémoire à ce sujet,
» & me l'envoyer le plus tôt qu'il vous
fera possible ».

Signé TURGOT.

Treizième Observation.

LES sieurs Volpi & Fredenzy,
Élèves des Écoles royales vétérinaires
de France, établis actuellement à

Mantoue, où, sous la protection du Gouvernement, qui a fait les frais de leur instruction, ils exercent & professent l'Art Vétérinaire avec autant de distinction que de discernement, nous ayant fait part de l'existence d'une épizootie qui a régné sur les bêtes à cornes pendant le printemps de l'année 1780, nous allons en donner l'histoire.

Cette maladie étoit une tumeur charbonneuse qui s'élevoit sur la langue & faisoit en peu de temps des progrès fort rapides ; cette tumeur d'une nature très-contagieuse, formoit sur le champ des ulcères qui se propageoient en largeur sur l'organe qu'ils attaquoient plutôt qu'ils ne le creusoient ; ils s'étendoient dans le fond de la gorge, alors la langue se tuméfioit au point d'acquérir le double de son volume ; elle exhaloit une odeur infecte ; une humeur sanieuse, putride & extrêmement âcre, fluoit des commissures des lèvres & de toutes les parties de la bouche ; l'animal étoit extrêmement triste, abattu & dégoûté de tout aliment solide & liquide : à cette époque la maladie étoit plus contagieuse, & se communiquoit d'un individu à l'autre avec la plus grande rapidité & par l'attouchement le plus médiat; enfin le plus léger retard dans les secours étoit irrévocablement suivi de la perte des malades.

L'ouverture de ceux enlevés par cette maladie a démontré l'intensité de l'âcreté de l'humeur fournie par ces ulcères; la langue étoit entièrement gangrénée; il en étoit de même de la membrane palatine, de la membrane pituitaire & de celles qui tapissent l'intérieur du larynx & de la trachée artère; les poumons étoient gorgés & tuméfiés d'un sang noir & décomposé.

La cause de cette maladie a été attribuée à la raréfaction subite de l'atmosphère & à son humidité ensuite d'un hiver rigoureux, mais principalement à une nourriture de mauvaise qualité, composée de fourrages corrompus.

Traitement.

SÉPARATION des animaux sains d'avec

les malades; les premiers furent préservés
par la saignée, les boissons tempérantes
& les lavemens émolliens; on leur in-
jecta très-souvent dans la bouche de
l'oxycrat; on ne les envoya à la prairie
que le matin & le soir, on les nourrit
peu dans l'étable, & dans l'intervalle
des repas, on eut soin de tenir dans la
bouche des billots anti-putrides.

On injectoit dans la bouche des
malades, des gargarismes anti-gangréneux, ayant scarifié préalablement les
ulcères jusqu'à l'effusion d'un sang vif
& vermeil. Dans les animaux en qui
la maladie étoit plus avancée, on enle-
voit, soit avec le bistouri, soit avec des
ciseaux courbes, sur plat, ce qui étoit
noir & gangréné dans les ulcères; lorsque
la langue étoit tuméfiée dans toute son
étendue, on incisoit cet organe dans
quatre à cinq lignes de son épaisseur plus
ou moins, suivant le degré de la tuméfaction, & on pratiquoit ces incisions
sur les unes & sur les autres de ses faces.

Les plaies étoient lotionnées aussitôt
avec la teinture de quinquina tirée par

l'esprit-de-vin ; peu après, à ces ablutions succédoient des injections répétées fréquemment dans la journée ; elles étoient composées d'une forte décoction d'aristoloche , d'angélique & d'impératoire animée par la teinture de quinquina & aiguisée par le sel ammoniac.

Le traitement intérieur consistoit en des breuvages alexitaires où entroit le quinquina ; vingt-quatre ou trente-six heures après l'usage de ces médicamens , les Artistes virent avec plaisir tomber les exfoliations des parties désorganisées, ce qui procura une détuméfaction & une liberté dans l'organe , qui permit alors à l'animal de manger un peu de son , dans lequel on avoit mis du sel commun , & de boire de l'eau blanche , à laquelle on avoit ajouté du sel de nitre & du vinaigre.

Ce traitement, l'attention de nettoyer & de parfumer les étables , quelques lavemens émolliens , les billots ci-devant indiqués triomphèrent de cette maladie qui s'étoit d'abord annoncée sous un appareil vraiment formidable.

Quatorzième Observation.

UN cochon âgé d'un an, du poids de trois cents livres ou environ, a été affecté, dans le mois d'Août 1781, d'un érysipèle à l'oreille droite; cette partie étoit rouge & couverte de pustules des deux côtés; cette efflorescence parut le matin sans qu'aucun symptôme maladif l'eût précédée; elle disparut le soir; sa résolution fut suivie de la fièvre & de l'agitation des flancs; l'animal devint triste, abattu, le dégoût se joignit à ces symptômes, dont le développement fut suivi d'une tumeur charbonneuse qui se montra sous le ventre, entre l'ombilic & le *sternum;* elle étoit de forme ovalaire, elle avoit six pouces de diamètre dans son grand axe, & trois dans le petit; elle étoit insensible, froide, noire, dure, rénitente, & l'épiderme s'en détachoit très-aisément.

Cette tumeur a été scarifiée & enlevée en partie; la plaie résultante de cette opération a été cautérisée & couverte d'onguent vésicatoire: on a donné en breuvage l'alkali volatil-fluor à la dose de douze à quinze gouttes étendues dans l'infusion de quinquina ; ce breuvage a été réitéré de six en six heures, deux jours de suite.

Les progrès de la gangrène étant bornés le troisième jour, on a cru suffisant de donner l'infusion de quinquina ; on s'est relâché de l'exactitude observée jusqu'alors pour le régime, & l'on a donné à l'animal, mais en petite quantité, un aliment composé avec du son, de la farine de froment, & pour boisson de l'eau blanche légèrement nitrée.

L'escarre est tombée le neuvième jour, & l'animal a été guéri peu après ce terme.

Quinzième Observation.

Les poules de l'Hôpital des Enfans-trouvés, ont été infectées, en Octobre 1780, d'une maladie charbonneuse ; les symptômes qui annonçoient l'invasion du mal, étoient la tristesse, le dégoût & la chute des plumes du dos ; à cette époque le charbon se montroit sur la

tête, cette partie enfloit de toutes parts,
& l'engorgement étoit plus marqué d'un
côté que de l'autre; l'œil du côté le plus
affecté étoit terne, très-faillant, couvert
par la conjonctive qui étoit épaisse, d'un
rouge-noir, ainsi que la paupière inférieure, qui le plus souvent étoit gangrénée; le grand angle laissoit couler une
humeur séreuse, dissoute & extrêmement âcre, qui corrodoit les parties
vives sur lesquelles elle se répandoit.

La partie du palais répondant à l'œil
malade étoit soulevée, noire & gangrénée, & les autres parties de la bouche
étoient très-enflammées.

La crête, le bec & les pattes étoient
d'un rouge-pâle dans le principe du mal,
elles devenoient noires & se gangré-
noient sur la fin de la maladie.

Les plumes des ailes peu affermies
dans leurs bulbes, tomboient d'elles-
mêmes, ou on les arrachoit par le plus
léger tiraillement; la mort étoit précédée
d'un cri plaintif poussé avec peine du
fond du gosier, & qui peut se comparer
à un râlement violent; des convulsions

& du battement des ailes, & c'étoient-là les derniers signes de vie que donnoient ces animaux.

L'ouverture de toutes les poules que cette maladie a enlevées, a fait voir un sang noir & gangréné, des échymofes dans les viscères fanguins ; les chairs noires, & toutes les parties de la tête fphacelées, le cerveau étoit noir & gorgé de fang.

La caufe du développement de cette maladie, parut être l'humidité de l'atmofphère qui a favorifé la putréfaction des ordures renfermées dans les poulaillers, d'ailleurs peu aérés, ces toits étoient remplis de la fiente de ces animaux qui y étoit accumulée depuis long-temps, & ils font de plus expofés de manière à recevoir les vapeurs des étables & des toits voifins, ainfi que celles qui s'élèvent d'un tas de fumier placé auprès.

La propreté dans les poulaillers, les parfums, l'eau nitrée, acidulée, & dans laquelle on avoit fait infufer à froid du quinquina, ont été nos premiers moyens dans le traitement de cette maladie.

Nous avons pratiqué des scarifications
sur les parties tuméfiées ; elles ont été
lotionnées avec l'infusion de quinquina,
à laquelle on a ajouté le camphre dissous
dans l'esprit-de-vin ; pour remède intérieur, on leur a donné l'oximel scillitique
& le quinquina : le corps des malades a
été exposé à la vapeur du vinaigre bouil-
lant, dans lequel on avoit mis du quinquina & du camphre.

Seizième Observation.

LES Poules d'Inde du même lieu ont
été également affectées de cette maladie ;
le charbon bornoit ses effets à la langue ;
elle étoit tuméfiée, noire & gangrénée :
les escarres enlevées, on voyoit un ulcère
de la couleur du tartre de vin ; le dégoût,
la foiblesse, la tristesse & la chute des
plumes étoient des symptômes qui
annonçoient l'existence de la tumeur
charbonneuse, dont l'apparition étoit
bientôt suivie de la mort, qui n'étoit
précédée par aucune crise & par aucune
convulsion.

Traitement.

On a pratiqué des scarifications sur les tumeurs charbonneuses ; elles ont été lotionnées avec l'eau de Rabel , dans laquelle on avoit fait dissoudre du camphre & de l'extrait de quinquina ; on a mis en usage les autres moyens prescrits dans l'Observation précédente , & ces secours ont eu le même succès.

Dix-septième Observation,

M. CRETTÉ , touché de la perte que faisoient les habitans de Marolles près Montereau , généralité de Paris , par une épizootie qui exerçoit ses ravages sur les oies & sur les oisons , & qui en faisoit périr un très-grand nombre , nous prévint de la désolation qu'elle répandoit , en nous invitant d'envoyer un Élève pour en prendre connoissance , & chercher les moyens de la combattre ; il nous mandoit encore que ces animaux formoient le plus grand commerce du pays , & que le produit que les propriétaires retiroient de leur éducation & de leur engrais, faifoit leur richeffe ; mais il nous avertiffoit en même-temps que ces habi-tans fuperftitieux étoient très-ignorans fur les moyens de traiter cette maladie & la jugeoient l'effet d'un fort & d'une incantation contre laquelle l'induftrie humaine devoit néceffairement échouer.

Le fieur Chanut, Profeffeur, & le fieur Ignard, Elève, s'y rendirent fur le champ ; c'étoit en Août 1780 ; la mala-die étoit un véritable charbon : la fièvre, l'abattement, le dégoût, la trifteffe, des claudications, des mouvemens défor-donnés de la tête, la vouffure de l'épine en contre-hault, la proftration des forces & la douleur extrême des extrémités & du corps en étoient les premiers fymp-tômes ; peu de temps après le bec deve-noit noir, la gangrène fe manifeftoit dans la tuméfaction des digitations palmées des pattes, & la diarrhée colliquative précé-doit la mort de quelques minutes.

On trouvoit à l'ouverture des cada-vres, les inteftins noirs & fphacelés, les mufcles elliptiques du ventricule, noirs & charbonnés, la membrane qui les tapisse intérieurement, noire, desséchée & sphacelée, le foie & les reins entièrement décomposés, les muscles abdominaux verdâtres & dans un état de putréfaction, en un mot, la décomposition étoit si grande, que l'animal paroissoit entièrement pourri trois ou quatre heures après la mort.

Trois cents quatre-vingt-neuf de ces animaux avoient été victimes de ce fléau, lors de l'arrivée des Élèves.

La cause a paru être la chaleur excessive & la sécheresse, la malpropreté des toits qui sont bas, point aérés & qui exhalent une odeur infecte; elle portoit aux yeux & pénétroit dans la poitrine au point de suffoquer : ajoutons à ces causes les herbes fraîches, telles que l'argentine, le souci des marais, la lèche, les chiendents & les triolets que ces animaux avoient trouvés dans les champs après la moisson. Ces herbes étoient en grande quantité, mais elles eussent été moins nuisibles si ces animaux ne s'étoient pas nourris de grains tombés sur la terre, & qui y avoient fermenté ; le gésier & le ventricule en étoient remplis, & ils y étoient dans une véritable fermentation putride, dont l'intensité étoit encore augmentée par l'eau de mare infecte dont ces animaux s'abreuvoient.

Traitement préservatif.

On a éloigné les animaux des chaumes & des mares, & on les a conduits dans des prairies situées sur le bord de la rivière.

Les toits ont été nettoyés du fumier; il y étoit d'un pied d'épaisseur; ils ont été parfumés & aérés; la saignée a été pratiquée sous l'aile, & tous les animaux ont été soumis à cette opération; l'eau dont on les abreuvoit dans la ferme, étoit propre, acidulée par le vinaigre de vin & chargée d'un peu de quinquina en poudre.

Traitement curatif.

Ceux que le mal n'avoit pas affoiblis, ont été saignés; on s'est contenté d'arracher plusieurs grosses plumes des ailes à ceux qui avoient la diarrhée, & qui

étoient foibles & languiſſans. L'enlèvement de ces plumes a été ſuivi de l'évacuation de quelques gouttes d'un ſang
noir, diſſous & décompoſé.

On a donné pour breuvages, le quinquina, le ſafran de Mars étendu dans des
infuſions de plantes aromatiques ; on a
donné auſſi quelques lavemens émolliens, & quant à ceux qui avoient la
diarrhée, on leur adminiſtra des lavemens mucilagineux dans leſquels entroit
une légère quantité de quinquina.

Les forces de ceux chez leſquels elles
étoient preſque éteintes, ont été ranimées par des frictions ſpiritueuſes com-
poſées d'une diſſolution de camphre
dans l'eau-de-vie avec addition de teinture de quinquina.

On a ſcarifié les tumeurs charbonneuſes des digitations palmées des pattes ;
cette opération faite, on les trempoit
dans la liqueur décrite ci-deſſus ; tel eſt
le traitement à la faveur duquel on a
ſauvé quatre cents vingt-ſept animaux ;
les Élèves n'en ont perdu aucun.

Cette maladie règne, dit-on, régulièrement

lièrement chaque année depuis huit ans, elle fait toujours de grands ravages.

Les payfans, ainfi que nous l'avoit marqué M. Cretté, l'attribuent à un fort, & les fuccès des Élèves ne les ont pas diffuadés, ils ont mieux aimé les regarder comme forciers, que de changer de façon de penfer; c'eft être forcier à peu de frais.

Nous pourrions ajouter ici un grand nombre d'autres obfervations, mais nous croyons que celles que nous avons rapportées fuffifent pour établir irrévocablement les principes qui doivent guider dans le traitement de cette maladie, quels que foient les différens afpects fous lefquels elle peut fe montrer.

FORMULES MÉDICINALES.

Breuvages.

(N.° 1).

PRENEZ feuilles de chicorée fauvage, quatre poignées; d'abfinthe, de fauge, de chaque une poignée; fel de

I

nitre & quinquina en poudre, quatre gros ; eau de Rabel *(a)*, un gros ; camphre, deux gros.

Faites bouillir légèrement la chicorée sauvage & le sel de nitre dans trois chopines d'eau commune ; retirez du feu, ajoutez l'absinthe & la sauge, couvrez & laissez infuser une heure : coulez au travers d'un linge, ajoutez à la colature, le quinquina, l'eau de Rabel & le camphre : mais ayez l'attention de faire dissoudre ces deux substances l'une par l'autre avant le mélange.

(a) L'eau de Rabel se prépare ainsi :

Prenez acide vitriolique, une once ; esprit-de-vin, trois onces ; mêlez peu-à-peu dans une fiole, agitez & conservez pour l'usage. A défaut de cette eau, on peut se servir de l'esprit de vitriol, & à défaut de celui-ci, on peut employer le vinaigre à la dose d'un demi-verre ; dans ces deux derniers cas, on fera dissoudre le camphre dans un peu d'esprit-de-vin ou d'eau-de-vie.

(N.º 2).

PRENEZ fleur de sureau, feuilles de sauge, de sabine, de rue, de chaque une forte poignée ; jetez le tout dans deux pintes d'eau bouillante, retirez du feu, couvrez le vase, laissez infuser deux heures, coulez & ajoutez à la colature, la dissolution à chaud de gomme ammoniaque & d'*assa fœtida*, de chaque quatre gros dans un verre de vinaigre de vin.

(N.º 3).

PRENEZ infusion des Plantes ci-dessus ; ajoutez oximel simple deux onces, quinquina deux gros, camphre trois gros ; faites dissoudre avant le mélange, le camphre dans quatre gros d'esprit-de-vin.

(N.º 4).

PRENEZ vipérine, mercuriale, chicorée sauvage, de chaque une poignée ; faites bouillir un inftant dans une pinte d'eau commune ; retirez du feu, laiffez infufer, coulez, ajoutez à la colature une once de fel de nitre, quatre gros de camphre ; faites diffoudre avant le mélange, cette dernière fubftance dans un demi-gros d'efprit vitriolique.

(N.° 5).

PRENEZ fel ammoniac, fleur de fureau, écorce de citron, d'orange, de chaque une once, feuilles de fauge, une poignée ; jetez le tout dans trois chopines d'eau bouillante, retirez du feu, couvrez le vafe, laiffez infufer deux heures, coulez & ajoutez à la colature, oximel fimple, quatre onces *(b)*.

(b) L'oximel fimple fe prépare ainfi :
Prenez vinaigre de vin une pinte, miel commun deux livres ; mêlez & faites évaporer à une chaleur modérée jufqu'à confiftance de firop ; remuez fans ceffe avec une fpatule de bois pendant l'évaporation.

(N.º 6).

PRENEZ infusion sudorifique *(n.º 2)*; ajoutez alkali volatil-fluor ou concret, un demi-gros.

Nota. Les doses des uns & des autres de ces breuvages, sont celles pour les grands animaux ; elles seront réduites au quart pour le mouton & la chèvre ; à la sixième & même à la huitième partie pour les chiens de forte taille, & ainsi en raison de la décroissance du volume de ces animaux.

Breuvages purgatifs.

(N.º 7).

PRENEZ séné deux onces, jetez dans une chopine d'eau bouillante, retirez du feu, couvrez, laissez infuser trois heures, coulez avec expression, ajoutez à la colature une once d'aloès ; mêlez, agitez & donnez le matin à l'animal étant à jeun & n'ayant point eu à souper la veille, ne lui donnez

à manger que six heures après l'administration de ce breuvage.

Nota. Cette dose est celle des grands
animaux d'une taille moyenne; on aura à
l'augmenter ou à la diminuer d'un ou de
deux gros d'aloès pour ceux d'une taille
supérieure & inférieure.

Pour les Moutons.

PRENEZ un gros de séné, faites
infuser comme ci-dessus, dans un
verre d'eau commune, ajoutez un
gros d'aloès, deux onces d'oximel
simple : mêlez & donnez comme
ci-dessus.

Pour les Chiens.

PRENEZ infusion ci-dessus, ajoutez
deux onces de pulpe de casse; faites
dissoudre & donnez.

Nota. Les chiens de la plus petite espèce
feront purgés avec la casse seule étendue dans
un demi-verre d'eau tiède, de deux gros
à une once.

(N.º 8).

PRENEZ infusion des plantes de la formule *(n.º 4)*, ajoutez quatre gros d'aloès, quatre onces de sel d'Epsom, deux gros de camphre, deux onces d'oximel simple ; faites dissoudre avant le mélange le camphre dans l'oximel.

Nota. On réitère les doses de ce breuvage tous les matins jusqu'à ce que l'évacuation soit décidée.

Lavemens.

(N.º 9).

PRENEZ feuilles de chicorée sauvage, d'oseille, de chaque une poignée ; faites bouillir dans deux pintes d'eau commune, retirez du feu ; laissez refroidir, coulez avec expression & ajoutez un demi-verre de vinaigre.

(N.º 10).

PRENEZ une jointée de son de froment, une poignée de graine de

lin, faites bouillir dans deux pintes &
chopine d'eau commune : continuez
l'ébullition jusqu'à ce que la graine ait
rendu son mucilage, laissez refroidir,
coulez avec expression, & ajoutez à
la colature deux onces d'onguent
populeum.

(N.° 11).

PRENEZ quatre onces de feuilles de
séné, jetez dans trois chopines d'eau
commune bouillante, retirez du feu,
couvrez, laissez infuser deux heures,
coulez avec expression, ajoutez à la
colature quatre onces d'oximel simple,
deux onces de sel d'Epsom, mêlez &
donnez.

Nota. Les doses de ces lavemens sont
celles pour le cheval, le mulet & le bœuf;
on aura donc soin de les diminuer pour
ceux d'une plus petite espèce, conformément
à ce qui a été dit ci-dessus.

Billot.

(N.° 12).

PRENEZ deux onces d'oximel

simple, trois gros de racine d'angélique en poudre, ou *assa fœtida*, quatre gros de camphre en poudre ; mêlez le tout ensemble, renfermez ce mélange dans un linge & autour d'un morceau de bois arrondi, du volume du petit doigt & de quatre pouces de longueur ; fixez ce billot dans la bouche au moyen de deux montans de ficelle qui s'étendront jusque sur la tête & sur le sommet de laquelle vous les nouerez l'un à l'autre.

Nota. Il n'est d'usage que pour les grands animaux.

Boisson.

(N.° 13).

PRENEZ une jointée de farine d'orge, délayez peu-à-peu dans un seau d'eau commune chaude ; faites dissoudre une once de sel de nitre, ajoutez quatre onces d'oximel simple, & un verre de vinaigre.

Onguent.

(N.º 14).

PRENEZ quatre onces d'onguent *basilicum*, quatre gros d'essence de térébenthine, mouches cantharides, euphorbe, sublimé corrosif, le tout en poudre, de chaque deux gros, mêlez & incorporez exactement.

Nota. Cet onguent fait depuis un certain temps, agit plus efficacement que lorsqu'il est récent.

(N.º 15).

PRENEZ deux onces de styrax liquide, un gros d'essence de térébenthine, trois gros de quinquina en poudre, mêlez & incorporez ensemble.

(N.º 16).

PRENEZ trois onces de térébenthine, une once de styrax liquide, un gros d'essence de térébenthine, deux jaunes d'œufs, deux gros de

quinquina en poudre ; mêlez & incorporez exactement.

(N.° 17).

PRENEZ trois onces d'huile de
laurier récente, cinq onces d'axonge
de porc, deux gros d'huile de pétrole,
un gros d'essence de térébenthine ;
mêlez & incorporez.

Liqueur détersive.

(N.° 18).

PRENEZ racine d'aristoloche gros-
sièrement concassée, quatre onces ;
feuilles de ronces, une poignée ;
faites bouillir dans deux pintes d'eau
jusqu'à réduction de trois chopines ;
coulez, ajoutez à la colature eau-
de-vie, huit onces ; camphre, quatre
gros ; faites dissoudre avant le mélange ces deux substances l'une par
l'autre, ajoutez de plus vinaigre de
vin, huit onces.

Pédiluve.

(N.º 19).

PRENEZ feuilles de mauve & mer-
curielle, de chaque six poignées ; têtes
de pavot blanc, une douzaine, ou
fleurs de coquelicot, quatre poignées ;
faites bouillir dans douze à quinze
pintes d'eau pendant un quart-d'heure,
retirez du feu, laissez infuser une demi-
heure ; coulez & servez-vous de cette
liqueur pour un pédiluve ; sa chaleur
doit être beaucoup plus que tiède.

Nota. Si vous employez les fleurs de
coquelicot, elles ne seront mises dans le vase
qu'après l'ébullition, ces fleurs ne devant
qu'infuser.

F I N.